LEÇONS NORMALES

D'ALGÈBRE

ÉLÉMENTAIRE

SOLUTIONS RAISONNÉES

DES

EXERCICES ET PROBLÈMES

OUVRAGES DE M. D. PUILLE (D'AMIENS)

CHEZ LE MÊME LIBRAIRE-ÉDITEUR.

LEÇONS NORMALES DE GÉOMÉTRIE ÉLÉMENTAIRE (THÉORIQUE ET APPLIQUÉE), à l'usage des Établissements d'Instruction publique de tous les degrés. Contenant les Principes de la Mesure des LIGNES, des SURFACES et des CORPS, avec un grand nombre d'applications relatives au *Dessin linéaire*, — à l'*Architecture*, — à l'*Arpentage*, — au *Levé des plans*, — à la *Cubature des solides*, suivis immédiatement de leurs solutions raisonnées, — augmentés d'une série de Problèmes gradués et variés à résoudre. — Beau vol. in-12 de près de 400 pages, avec de nombreuses figures gravées sur cuivre. Prix : 2 fr. 50 c.

OUVRAGE APPROUVÉ ET COURONNÉ

PAR L'ATHÉNÉE DES SCIENCES DE PARIS

SOLUTIONS RAISONNÉES DES EXERCICES ET PROBLÈMES contenus dans les LEÇONS NORMALE DE GÉOMÉTRIE. Contenant des notions générales sur la Perpective, sur la Lumière, les Ombres et les Traits de force; — les Projections; — la Coupe des pierres; — la Trigonométrie rectiligne; les Courbes régulières; — les Usages du Compas de proportion; la Théorie des Transversales rectilignes; la Résolution des Problèmes géométriques; — l'application de l'Algèbre à la Géométrie; — l'explication de toutes les Formules contenues dans la Géométrie, et aussi de quelques autres non moins importantes. — Un chapitre entier sur le développement et la construction des Polyèdres. — Enfin, un Précis de Gnomonique ou Tracé des Cadrans solaires. Vol. in-12 avec 5 planches gravées sur acier et contenant près de 150 figures. Prix : 2 fr. 50 c.

OUVRAGE APPROUVÉ ET COURONNÉ

PAR L'ATHÉNÉE DES SCIENCES DE PARIS

COURS D'ALGÈBRE ÉLÉMENTAIRE (THÉORIQUE ET PRATIQUE) à l'usage des divers Établissements d'instruction publique. — Contenant les principes du calcul algébrique jusqu'aux équations du second degré inclusivement, avec un grand nombre d'applications suivies immédiatement de leurs solutions raisonnées, augmenté d'une série d'Exercices et Problèmes gradués et variés à résoudre. — Beau vol. in-8° (deuxième édition). Prix : 3 fr. 50 c.

Ouvrage approuvé et couronné par la Société pour l'Instruction élémentaire siégeant à Paris, — par la Conférence centrale des Instituteurs de France, — par l'Athénée des Sciences, etc., etc.

Paris. — Typ. Renou et Maulde, rue de Rivoli, 144.

LEÇONS NORMALES

D'ALGÈBRE

ÉLÉMENTAIRE

THÉORIQUE ET APPLIQUÉE

A L'USAGE DES DIVERS ÉTABLISSEMENTS D'INSTRUCTION PUBLIQUE

PAR

D. PUILLE (d'Amiens)

PROFESSEUR DE SCIENCES PHYSIQUES ET DE MATHÉMATIQUES

Auteur de plusieurs Ouvrages classiques

SOLUTIONS RAISONNÉES

DES

EXERCICES ET PROBLÈMES

PARIS

LIBRAIRIE CLASSIQUE DE CH. FOURAUT

ÉDITEUR

47, RUE SAINT-ANDRÉ-DES-ARTS, 47

1860

ON TROUVE AUSSI A LA MÊME LIBRAIRIE

AUTRES OUVRAGES DE M. PUILLE (d'Amiens).

TRAITÉ COMPLET DE LA DIVISION DES CHAMPS, DANS TOUS LES CAS. — **Géodésie usuelle**, comprenant toutes les méthodes arithmétiques et géométriques, *simples*, *claires et précises*, pour diviser les terrains d'une forme régulière et irrégulière en portions égales et proportionnelles d'après les différentes conditions imposées par les copartageants; ouvrage à l'usage des Géomètres-arpenteurs de profession et des Amateurs d'applications géométriques. Beau vol. in-12 avec dessins gravés sur cuivre et intercalés dans le texte et un atlas de 16 planches gravées sur acier. Prix : 3 fr. 50 c.

Cet ouvrage peut être considéré comme une **Géodésie usuelle** indispensable à l'Arpenteur; il présente une foule de méthodes (aussi simples que claires) sur une partie de l'Arpentage qui, jusqu'à ce jour, n'a pas été traitée d'une manière convenable.

NOTIONS ÉLÉMENTAIRES D'AGRICULTURE, PAR DEMANDES ET PAR RÉPONSES, — **Nouveau Catéchisme agricole**, à l'usage des divers établissements d'instruction publique. — **Ouvrage dédié à tous les Comices agricoles de France et des colonies.** Vol. in-18 avec dessins gravés sur cuivre et intercalés dans le texte. Prix : 75 c.

SCIENCES NATURELLES POPULARISÉES, — PHYSIQUE, CHIMIE et MÉTÉOROLOGIE, *mises à la portée de toutes les intelligences.* Présentant, avec autant de clarté que de simplicité, l'explication d'un très-grand nombre de phénomènes de la nature. — **Ouvrage dédié à la Société élémentaire de Paris.** —Vol. grand in-18 avec figures gravées sur cuivre et intercalées dans le texte.

AVERTISSEMENT

PLAN DE L'OUVRAGE

Nous publions aujourd'hui les SOLUTIONS RAISONNÉES des *Exercices et Problèmes d'Algèbre* contenus dans notre COURS D'ALGÈBRE ÉLÉMENTAIRE (*théorique et pratique*). Ce volume, adapté à la première et à la deuxième édition de ce *Cours*, est également mis en rapport avec la *troisième* et les *suivantes éditions.*

Pour cette *troisième édition* du Cours d'Algèbre, nous avons changé de format et de titre afin de faire entrer ce travail dans la série de *Leçons normales* que nous publions en ce moment : ainsi, le volume in-12 que nous allons mettre sous presse ne sera autre chose que le *Cours d'Algèbre élémentaire*, mais il portera désormais le titre de LEÇONS NORMALES D'ALGÈBRE *élémentaire* (théorique et appliquée).

Dans ce livre des *Solutions raisonnées*, nous présentons exactement le plan que nous avons jugé à propos d'adopter pour les SOLUTIONS RAISONNÉES DES EXERCICES ET PROBLÈMES DE GÉOMÉTRIE, adaptées à nos LEÇONS NORMALES DE GÉOMÉTRIE, c'est-à-dire que nous avons consacré :

La première partie du livre aux *Solutions raisonnées des Exercices et des Problèmes d'Algèbre ;*

La seconde partie à *certains développements sur plusieurs sujets d'Algèbre.*

Cette dernière partie comprend en outre une série d'intéressants problèmes qui peuvent être dictés aux élèves comme des sujets de compositions en Algèbre ; nous avons donné la solution raisonnée de ces problèmes immédiatement après chaque énoncé.

Pour terminer cet avertissement, nous dirons un mot de plusieurs des *ouvrages classiques que nous venons de revoir avec un soin tout particulier.*

La SIXIÈME ÉDITION D'ARPENTAGE, qui est en vente depuis quelques mois, peut être considérée comme la *bonne édition* d'un livre dont les *cinq éditions* précédentes (accueillies avec le plus grand empressement) n'ont été, aux yeux de l'Auteur, que des éléments susceptibles des soins spéciaux accordés à la *sixième édition* que nous venons de refondre. Dans cette édition, de nombreux articles ont été remaniés; d'autres ont été ajoutés. Nous avons été forcé de resserrer la matière, de supprimer les sommaires, d'ajouter de nouveaux dessins et vingt-quatre pages de texte de plus au livre, pour donner au travail toute l'amélioration qui nous a paru nécessaire, afin de lui faire conserver le rang distinctif qu'on lui a donné parmi les classiques adoptés dans l'enseignement (pour leur *clarté*, leur *simplicité* et l'*esprit de méthode* qui président à leur rédaction).

Nos *Leçons normales de Géométrie* sont également l'objet de notre attention; nous espérons offrir une *troisième édition* qui laissera peu à désirer d'un classique qui met en évidence les nombreuses et intéressantes applications des théorèmes de la géométrie élémentaire.

Enfin, *le Traité complet de la Division des Champs dans tous les cas, — le Petit catéchisme agricole, — les Sciences naturelles popularisées* complètent la 1re SÉRIE des ouvrages que nous avons publiés jusqu'ici.

Nous avons sous presse, en ce moment, des *Leçons normales de Chimie, —* un *Cours progressif de Dessin linéaire industriel*, et nous préparons d'*autres ouvrages* qui offriront, sur ceux du même genre, des avantages précieux pour simplifier le travail des Maîtres en même temps que celui des Élèves auxquels ils sont destinés.

D. PUILLE (*d'Amiens*).

LEÇONS NORMALES

D'ALGÈBRE

ÉLÉMENTAIRE

PREMIÈRE PARTIE

SOLUTIONS RAISONNÉES DES EXERCICES ET DES PROBLÈMES D'ALGÈBRE

Exercices sur la valeur numérique des quantités algébriques.

N° 1.

1. 180.
2. 169.
3. 1154.
4. $\frac{302}{1196}$.
5. $\frac{55}{2094}$.
6. $1196\frac{122}{135}$.
7. 3006804.
8. $74\frac{61463}{130468}$.
9. $\frac{433}{3374}$.
10. 999989990122000.

Exercices sur les Réductions des quantités algébriques.

N° 2.

1. $13a + 8b$.
2. $18a^2b^4cd + 13am$.
3. $18bc^2 + 4ab^5 + 12ab$.
4. $13abc^2 + 10mn^5 + cd^m$.

5. $12dc^4 + ab^3 + 21ac$.
6. $3a - 7b + 2c$.
7. $20a^3 + 3b^2$.
8. $4a^2 + 4bc^3 + 9b^2c - 5a^3$.
9. $6ac^2 - 16a^2c + 2a^2c^3$.
10. $2a^4b + 12m + 9cd^2 - ab^4$.
11. $8ab + 10cde - 16abcd + 9dc + 5ab^2cd$.
12. $6acd + 4abcd^2 - 5abc + 3a^4b^5c^3 - 10ab$.
13. $a^3bc - cdm^2 + ab^7c - 5a^4b^2c^3 + a^2b^2$.
14. $ab^2c^3d + c^2d^2f - ab^2 + a^2m^2 - b^2c^3d$.
15. $a^3b^5 + a^8b^2c^7d + a^7b^4 - a^{14}$.
16. $abc^3 - a^4b^4c + a^2b^3 - a^3b^4 + m^8$.
17. $9a^{14} - 10ab^4 + 15a^3 - a^7b + 2a^9$.
18. $10ab^4c - 15a^4b^2 + 3a^2b^3 - 20ab^3 + 24a^7b$.
19. $(a + c + m)\, b^2$.
20. $(a + mn + d)\, c^2$.
21. $(4 - ab + 12c^2)\, d^2$.
22. $(ab - 8a^2)\, c^2d$.
23. $(1 + 2a)\, mn^2$.
24. $(m + c - 1)\, a^3$.
25. $(1 - d + bc)\, a^3$.
26. $(b - 10)\, a^4$.
27. $(5 - a)\, b^2$.
28. $(3 - b)\, cdn^2$.

Exercices et Problèmes sur l'Addition des Quantités algébriques.

N° 3.

1. $8a + 9b + 2c$.
2. $4ab - 4a$.

3. $a - 5b$.
4. $15ab - 9c + 2a - 11b$.
5. $7bc - 15ac + 2cd + 6bf$.
6. $3abc + 2abcd - 10f - 17ab$.
7. $ab^2c - 17abc - 8abc^3 - 9ab^2 + 11a^3b^2$.
8. $2abc - 33am - 16am^3 - 22ac^4$.
9. $8a^3 - 16b^3 + 17a - 10a^2b - 9ab^4 + 23ab^3$.
10. $14ab^2 - 6a^2b^2 + 13a^3$.
11. $3a + b + x$.
12. $b + d$.
13. $12a$; 1er $= a$, 2e $= 6a$, 3e $= 5a$.
14. $6a$.
15. $6x$.

Exercices et Problèmes sur la Soustraction des Quantités algébriques.

N° 4.

1. $b - 9a$; $6b$; $a^4 - 4a$.
2. $6a$; $-31b$; $5c - 4a$.
3. $a - b - c$; $d - f - c$; $4b + d - 3a + c$.
4. $3b - a$; $5ab + 5cd$.
5. $8ab + 8a - 19cd + 65$.
6. $bcd - 10ab^4 - 4d + 27abc$.
7. $22d - 10m + 9c - dcf$.
8. $8a^4 - 10ab^3 - 18 - 4a^3 - 5bc^2$.
9. $4b^2c - c^3 - 2bc^2 + 7$.
10. $acf + 9c + 14bcd - 12abc + ab$.
11. 1er $= b - c$, 2m d, $a - b + c - d$.
12. $ab - c$.

13. $3x + 4a$.

14. $bc - ef$.

15. $a + c$.

Exercices et Problèmes sur la Multiplication des quantités algébriques monomes.

N° 5.

1. $15bc$; $28ab^2c$.
2. $- 7ab^2c^2$; $12\,ab^2$.
3. $21acd$; $- 27a^3$; $10b^3$.
4. $18a^2b^4c$; $- 35b^5c^5$; abc^2d^2e.
5. $12abc$; $- a^2b^2c^2$; $2ab^5cd$.
6. $21a^2b^5$; $- 24a^3b^7$; $10a^{2+m}b^{1+n}$.
7. $a^3b^3c^3d^3$; $- 7ab^4cd$; a^5.
8. $24b^nc^2d^4$; $- a^3bc^6$; $- ab^2cef$.
9. $a^3b^3c^3d^3$; $- 289a^5c^2d^3$.
10. $10a^6b^6c$; $77a^{10}$; $60\,ac^3$.
11. $9c$ par jour et $9cm$ pour la dépense totale.
12. $m\,(2a + 2b)$.
13. $8ab$.
14. $28a^6b^5$.
15. Elle a dans une main $2b$ et dans l'autre $5b + 35$, et elle a en tout $8b + 40$.

Exercices et Problèmes sur la Multiplication des Quantités algébriques polynomes.

N° 6.

1. $a^2 + 2ab + b^2$; $a^2 - b^2$.
2. $a^2b^4c^2 + b^4c^3$; $a^4b^4c^2d^4 + a^3b^2c^3d^3$.

3. $81x^4 - 256a^4$.

4. $5ab^2cd^2 - 3abc^2d^4 - 11abcd^2 + 7a^2b^2c^2d^2$.

5. $8a^3 - b^3$.

6. $12a^5 + 6a^4 + 48a + 24a^2 - 4a^2b - 2a^3b - 16b - 8ab$.

7. $2a^5 - 4a^4 - 8a^3b - 2a^2b^3 - 5a^4b + 10a^3b - 20a^2b^2 + 5ab^4 + 4a^3b^2 - 8a^2b^2 + 16ab^3 - 4b^5$.

8. $5a^nb^m + a^{1+n}b^n + a^nc^n - 9a^n + 25ab^{2m} + 15a^2b^{n+m} + 5ab^mc^n - 45ab^m$.

9. $2a^{2m+2} + a^{m+1}bc^m - a^{2m} + 2a^{m+1}b^{m-1} + b^mc^m - a^{m-1}b^{m-1}$.

10. $a^2b^2c^2d^2 + ab^3c^4d^4 + abcd^4 + b^2c^3d^6$.

11. $a^5 + a^4b + ab^4 + a^2b^3 + a^3b^2 - a^4b - a^3b^2 - b^5 - ab^4 - a^2b^3$.

12. $36a^5 - 15ab^2 + 3acd^2 - 24\,a^4b + 10b^3 - 2bcd^2 + 12\,a^4c^2 - 5b^2c^2 + c^3d^2 + m^2 - 4n$.

13. 1er $a^2 - b + cd^3$.
2^e^ $2a^2 - 2b + 2cd^3 - a - b$.
3^e^ $5a^2 - 8b + 5cd^3 - 3a$.
4^e^ $15a^2 - 24b + 15cd^3 - 9a + 5b^2c^3$.
La somme à partager égale $24a^2 - 36b + 24cd^3 - 13a + 5b^2c^3$.

14. $3ab^4 - 20ab^3c^4 - 15ab^3c^2 + 10ab^2c^6$.

15. $10a^3b^3 - 10a^3b^6 + 10\,a^3b^3cd^2 + 5a^4c - 5a^2b^3c + 5a^2c^2d^2$.

16. $10a^5b - 4a^4b^2 + 2a^4bc$.

Exercices et Problèmes sur la Division des Quantités algébriques.

N° 7.

1. a ; $2a$ $2a^2b$.

2. $4bc$; $6b^2d$; $3xy$.

3. $5a^2b$; $6x^2z$.

4. $3a^{m-1}b^{n-1}d^{r-1}$; $5a^{n-2}b^{n-3}c^{n-4}$.

5. $4a^3b^2c$; $4a^{2n-2}b^{4n-4}$.

6. $a + b - c$; $ac - c^2$.

7. $a^2 - bc + ab - 1$.

8. $2x^4 - 3x^3 - 6x^2 + 5x - 2$.

9. $9a^4 - 12bc^3 - 8a^2c^2$.

10. $3a^{m-4}b^{n-2} - 5a^{n-4}b^{m-2} + 6a^2b^4$.

11. $a^4 + a^3b + a^2b^2 + ab^3 + b^4$; $2a^3 + 4b^4$.

12. $6a^2 - 7a + 8$.

13. $1 - 3b - 3b^2 - b^3$.

14. $ab - ac + b^2$.

15. $4x^3 + 3x^2 - 2x + 1$.

16. $- 3bc + 4c^2 - 2ab^3$.

17. $2a^3 + 4b^4$.

18. $6a$.

19. $12a^2bc$ divisé par $4a^2b = 3c$, et $3c \times 10ab^2 = 30ab^2c$.

20. $3ab + 3c$ est le prix d'un volume, et $2a^4bc^3 \times 3c = 6a^4bc^4$ est le bénéfice total.

Exercices sur la Décomposition des Produits en leurs Facteurs.

N° 8.

1. $16a + 24 = 8\,(2a + 3)$; $39bc - 26b^2 = 13b\,(3c - 2b)$; $45a^3 - 60a^2b = 15a^2\,(3a - 4b)$.

2. $ab^2c - 2abc^2 + 3a^2bc = abc\,(3a + b - 2c)$; $38x^4y^2 - 57x^3y^3 + 38x^2y^4 = 19x^2y^2\,(2x^2 - 3xy + 2y^2)$.

3. $a^4 - 3a^3b + a^2b^2 - a^2 = a^2\,(a^2 - 3ab + b^2 - 1)$; $3a^3c - 3ac^3 + 6abc - 9acd = 3ac\,(a^2 - c^2 + 2b - 3d)$.

4. $m^5 + n^5 = (m + n)\,(m^4 - m^3n + m^2n^2 - mn^3 + n^4)$ $24b^3c^2 - 24b^2cd + 6b^2cd^2 = 6b^2(4bc^2 - 4cd + d^2)$.

5. $a^4 - b^4 = (a + b)\,(a^3 - a^2b + ab^2 - b^3)$; $12p^2q^3 - 8p^2q^2 + 6pq^2 - 9pq^3 = pq^2(12pq - 8p - 9q + 6)$.

6. $1 - x^{10} = (1 + x)(1 - x + x^2 - x^3 + x^4 - x^5 + x^6 - x^7 + x^8 - x^9)$; $abcd - abd^2 - bcdx + bd^2x = bd(c - d)(a - x)$.

7. $16a^2b^2 + 8ab^3 + 8a^3b = 8ab(a + b)(a + b)$; $4x^3 - 6x^2 + 2x = 2x(2x - 1)(x - 1)$.

8. $6x^2 - 13xy - 5y^2 + 34y - 24 = (3x + y - 6)(2x - 5y + 4)$.

9. $24a^4 + 96a^3b + 144a^2b^2 + 96ab^3 + 24b^4 = 24(a+b)(a+b)(a+b)(a+b)$.

10. $a^2 - 2ab + 3ac - 3b^2 - bc + 2c^2 = (a + b + c)(a - 3b + 2c)$.

Exercices sur la Réduction des Fractions à leur plus simple expression.

N° 9.

1. $\frac{b}{a}$; $\frac{c}{b}$; $\frac{1}{abc}$.
2. $\frac{3nx}{4ay}$; $\frac{x}{z}$; $\frac{3a}{4d}$.
3. $\frac{7ab^2}{8y}$; $\frac{1}{3a^2x}$.
4. $\frac{ab}{c^2}$.
5. $\frac{x+y}{x-y}$.
6. $\frac{m+n}{m-n}$.
7. $\frac{3a^2+5ab}{7ab-9b^2}$.
8. $\frac{5(a^3b-b^4)}{6(a^3+a^2b+ab^2)}$.
9. $\frac{x-7}{x^2+x+1}$.
10. $\frac{1}{2ab^3-3a+1}$

Exercices sur la Réduction des Fractions au même Dénominateur.

N° 10.

1. $\frac{an}{mn}$ et $\frac{bm}{mn}$.
2. $\frac{a^3}{a^3b^3}$ et $\frac{b^3}{a^3b^3}$.
3. $\frac{bx}{aby}$ et $\frac{az}{aby}$.

4. $\dfrac{a^2b}{acd}$ et $\dfrac{bc^2}{acd}$.

5. $\dfrac{abcy}{mnxy}$, $\dfrac{abdm}{mnxy}$, $\dfrac{acdn}{mnxy}$ et $\dfrac{bcdx}{mnxy}$.

6. $\dfrac{210a^2byz}{360x^2y^2z}$, $\dfrac{96a^2cxz}{360x^2y^2z}$, $\dfrac{100b^2cxy}{360x^2y^2z}$ et $\dfrac{165x^2y^2}{360x^2y^2z}$.

7. $\dfrac{4a^2b-ab^2}{ab}+\dfrac{bm-an}{ab}-\dfrac{b^2mn}{ab}$.

8. $\dfrac{2xy(a+b)}{2(a^2-b^2)}-\dfrac{2xy(a-b)}{2(a^2-b^2)}+\dfrac{2yz}{2(a^2-b^2)}-\dfrac{a-b}{2(a^2-b^2)}$.

9. $\dfrac{3a^2b}{ab}+\dfrac{3ab^2}{ab}+\dfrac{a^3}{ab}+\dfrac{b^2}{ab}$.

10. $\dfrac{abc+b^2c+bc^2}{a^2bc+ab^2c+abc^2}$, $\dfrac{a^2c+abc+ac^2}{a^2bc+ab^2c+abc^2}$, $\dfrac{a^2b+ab^2+abc}{a^2bc+ab^2c+abc^2}$, $\dfrac{ac+bc+c^2}{a^2bc+ab^2c+abc^2}$, $\dfrac{ab+b^2+bc}{a^2bc+ab^2c+abc^2}$, $\dfrac{a^2+ab+ac}{a^2bc+ab^2c+abc^2}$, $\dfrac{abc}{a^2bc+ab^2c+abc^2}$.

Exercices sur l'Addition et la Soustraction des Quantités algébriques fractionnaires.

N° 11.

1. $\dfrac{ayz+bxz+cxy+3abc}{xyz}$.

2. $\dfrac{a^2+ab+b^2}{a^2-b^2}$.

3. $\dfrac{2a^2bm+2a^2bn+2ab^2m-2ab^2n+am^2-2amn+an^2+bm^2+2bmn+bn^2}{abm^2-abn^2}$.

4. $\dfrac{5a^7-x^6+13x^5-x^4+5x^3+11x^2+25x-1}{x^8-1}$.

5. $\dfrac{5ab^2c^2d+5ab^2cd^2+3a^2bc^2d+3a^2bcd^2+9ab^2c^2d+9eb^2cd^2+3a^2bc^2d+3a^2bcd^2}{bc^2+bcd^2}$.

6. $\frac{c-a}{b}$; $\frac{pn-m^2}{mn}$.

7. $\frac{ac-ab+b^2-c^2}{bc}$; $\frac{2ab}{a^2-b^2}$.

8. $\frac{a^2+b^2}{ab}$; $\frac{4ab}{a^2-b^2}$.

9. $\frac{y-ax-bx}{a^2-b^2}$; $\frac{2cx+2by}{ab^2-ac^2}$.

10. $\frac{2bc+2ad+2bd}{c^2-d^2}$; $\frac{cd+ab}{a^2-1}$.

Exercices sur la Multiplication des Fractions algébriques.

N° 12.

1. a^2 ; $\frac{6ac}{b}$; $\frac{x^2-y^2}{x^2+y^2}$.

2. $\frac{2ab}{d}$; $\frac{c^2b}{d^2}$; $\frac{c^3+c^2d}{d}$.

3. $p^2 - 10p + 25$; $ab + bc$.

4. $\frac{a^2-b^2}{c^{m+n}}$; $\frac{16x^2-68xy+16y^2}{x^{m+1}+x^my+xy^m+y^{m+1}}$.

5. $\frac{abcd-abc-abd-acd-bcd+ab+ac+ad+bc+bd+cd-a-b-c}{abcd}$

$\frac{-d+1}{abcd}$.

Exercices sur la Division des Fractions algébriques.

N° 13.

1. $\frac{7b}{ac^2}$; $\frac{ab}{d^2}$.

2. xy ; z^2.

3. $\frac{pq-7q}{p+7}$; $\frac{15b}{a+c}$.

4. $\frac{3a+3b}{2a^2b^2}$; $\frac{cx+dx-cy-dy}{x+y}$.

5. $\frac{19a^2}{19a+b}$: $\frac{a^mb^m-a^{m+1}}{a^mb^m-b^{m+1}}$.

Exercices sur la recherche du Plus grand Commun diviseur des quantités algébriques.

N° 14.

1. $a+b-c$.
2. $12a-12$.
3. $x-y$.
4. $3x^2-2z^2$.
5. $a-y$.
6. $bh+bf-dg$.
7. $a+b$.
8. $y-2x$.
9. $a-b$.
10. $ab+ac-bc$.

Exercices sur la Résolution des Équations du premier degré à une seule inconnue.

N° 15.

1.	5	11.	28
2.	6	12.	39
3.	20	13.	22
4.	8	14.	140
5.	4	15.	36
6.	1	16.	100
7.	125	17.	36
8.	6	18.	13
9.	15	19.	56
10.	9	20.	7

Problèmes du premier degré à une seule inconnue.

N° 16.

1. Soit x le nombre demandé; d'après les conditions énoncées dans le problème, nous aurons : $\frac{x}{2} - 12 = \frac{x}{5} + 6$.
Et en résolvant, d'après les principes que nous avons établis, on trouvera : $x = 60$.

2. Soit x l'âge de Paul; nous établissons l'équation $2x - 20 = 13 - \frac{x}{5}$, et en résolvant on a : $x = 15$.

3. Soit x le nombre d'années qui doivent s'écouler pour que l'âge du père égale la somme de l'âge du fils et de la fille. A cette époque, l'âge du père sera $38 + x$, celui du fils égalera $8 + x$ et celui de la fille égalera $12 + x$: on aura donc l'équation $38 + x = 8 + x + 12 + x$, et en réduisant on aura : $x = 18$.

4. Soit x le nombre demandé; si nous ajoutons 6 fois ce nombre à 96, nous obtiendrons $6x + 96$; en retranchant 15 du nombre pour multiplier le reste par 8, on aura $8(x - 15)$ ou $8x - 120$; donc on aura l'équation

$$6x + 96 = 8x - 120$$

d'où on tire : $x = 108$.

5. Soit x le nombre de moutons du second; d'après les conditions du problème, le second aura $3x$ moutons et le premier $3x + 8$; et comme la somme des deux nombres donne 332, on aura l'équation $3x + 3x + 8 = 332$,

d'où l'on tire : $x = 54$.

Le second a $54 \times 3 = 162$ moutons;
Le second a $162 + 8 = 170$ moutons.

6. Soit x le nombre demandé; d'après les conditions présentées, on aura l'équation $\frac{x}{3} + 4 + \frac{x}{9} + 4 = \frac{2x}{3}$.

d'où : $x = 36$.

7. Soit x le numérateur de la fraction proposée, le dénominateur sera $x+50$; en ajoutant 7 unités à chacun des termes de la fraction on aura d'une part $x+7$, et de l'autre $x+50+7$, pour les deux termes de la fraction qui équivaut à $\frac{1}{3}$,

on aura l'équation $\frac{x+7}{x+50+7}=\frac{1}{3}$, d'où : $x=18$.

La fraction sera donc $\frac{18}{68}$.

8. Soit x la fortune du fils; $175000-x$ sera la fortune du père; $150000-(175000-x)$ sera la fortune de la femme, et comme cette fortune $150000-(175000-x)$ de la femme jointe à la fortune du mari, donne 75000, on aura l'équation :

$$150\,000-(175\,000-x)+x=75\,000$$

d'où :

$$x=50\,000.$$

9. Soit x le prix du premier objet, le second sera $x+3$, le troisième $x+3+7$, le quatrième $x+3+7+13$, le cinquième $x+3+7+13+25$; en réduisant, on aura l'équation :

$$5x+84=134$$

d'où :

$$x=10.$$

10. Soit x le premier nombre, le second sera $\frac{x}{4}$ et le troisième $\frac{x}{16}$; or, les trois nombres égalent 945, on aura l'équation :

$$x+\frac{x}{4}+\frac{x}{16}=945$$

d'où :

$$x=720.$$

11. Soit x l'âge du neveu, celui de l'oncle sera $4x$; il y a 8 ans, ils avaient, l'un $x-8$ et l'autre $4x-8$; mais alors l'oncle était dix fois plus âgé que le neveu; donc l'équation :

$$4x-8=10(x-8)$$

d'où :

$$x=12.$$

12. Soit x le nombre de moutons; on aura $x+x$ plus $\frac{x}{2}$ plus

$\frac{x}{4}$ plus un mouton; or cette somme égale juste 100; on a donc l'équation $x + x + \frac{x}{2} + \frac{x}{4} + 1 = 100$
d'où : $x = 36$.

13. Soit x le nombre de pêches à cueillir. En entrant chez la première personne, ce nombre est réduit d'un $\frac{1}{3}$, il n'est donc plus que les $\frac{2}{3}$ de x; en passant chez la seconde, ce reste est réduit de $\frac{1}{4}$, ce qui donne en résultat les $\frac{3}{4}$ de $\frac{2}{3}$ ou $\frac{1}{2}$ de x. Or ce nombre égale 18 pêches; on a donc $\frac{1}{2}$ $x = 18$, d'où $x = 36$.

14. Soit x le plus grand nombre, le plus petit sera $20 - x$, la différence des deux nombres est donc $x - (20 - x)$, cette différence égale le $\frac{1}{3}$ du plus grand nombre ou de x, on aura l'équation $x - (20 - x) = \frac{x}{3}$, d'où $x = 12$, le plus grand;
et 8 le plus petit.

15. Soit x l'âge du père, $65 - x$ sera l'âge du fils, la différence de ces deux âges sera $x - 65 + x$ ou $2x - 65$. Dans cinq ans l'âge du père sera $x + 5$ et celui du fils $65 - x + 5$ ou $70 - x$; la somme de ces âges sera donc $x + 5 + 70 - x$ ou 75. Or la différence précitée est à cette somme 75 comme 7 est à 15, on a donc la proportion $2x - 65 : 75 = 7 : 15$, ce qui conduit à l'équation : $30x - 975 = 525$; d'où $x = 50$. L'âge du père est donc 50 ans, et celui du fils $= 65 - 50 = 15$ ans.

16. Soit x le chiffre des dizaines; celui des unités étant double, sera représenté par $2x$, et le nombre vaudra $10x + 2x$ ou $12x$. D'un autre côté, ce nombre renversé vaudra $20x + x$ ou $21x$; et comme alors ce nombre-ci vaut 36 de plus que le premier, on aura l'équation : $21x = 12x + 36$; d'où $x = 4$. Le chiffre des dizaines est donc 4, celui des unités est 8; et le nombre demandé est 48.

17. Soit x la somme placée dans le commerce. La première année le négociant prélève 1000 francs, et il lui reste $x - 1000$, somme qui augmente d'un tiers, et qui devient $\frac{4}{3}(x - 1000)$. La seconde année, le négociant prélève encore 1000 francs, ce qui donne pour reste $\frac{4}{3}(x - 1000) - 1000$, ou $\frac{4x - 7000}{3}$; et ce reste augmentant d'un tiers, devient $\frac{4}{3}\left(\frac{4x - 7000}{3}\right)$ ou $\frac{16x - 28000}{9}$. La troisième année, le négociant prélève de même 1000 francs, de sorte qu'il reste $\frac{16x - 2800}{9} - 1000$ ou $\frac{16x - 37000}{9}$; et ce reste augmenté de $\frac{1}{3}$ égale $\frac{4}{3}\left(\frac{16x - 37000}{9}\right)$ ou $\frac{64x - 148000}{27}$. Mais alors le capital primitif est doublé, ce qui donne l'équation :

$$\frac{64x - 148000}{27} = 2x; \text{ d'où } x = 14\,800.$$

18. Soit x le nombre de moutons du premier, en en donnant 18 au second il lui reste $x - 18$, et le second en a $x + 18$; d'après les conditions du problème, on aura l'équation $x - 18 = \frac{x + 18}{5}$ d'où $x = 27$.

19. Soit x le nombre cherché. En l'augmentant du nombre immédiatement inférieur qui est $x - 1$, on a pour somme $2x - 1$; le double de cette somme est $4x - 2$, et si l'on ôte 10, le reste sera $4x - 12$. Or ce reste divisé par 3 égale le nombre immédiatement inférieur au nombre cherché, donc $\frac{4x - 12}{3} = x - 1$; d'où $x = 9$.

20. Le cadran d'une montre étant divisé en 60 parties servant à indiquer les minutes, soit x le nombre de ces parties que la grande aiguille devra parcourir pour arriver au point de rencontre; comme la petite aiguille est sur 3 heures, elle se trouve à 15 minutes du point où est la grande, et $x - 15$ sera le nombre de parties que parcourra la petite aiguille pour arriver au point de rencontre. Ensuite, comme la grande aiguille parcourt 60 minutes en une heure, elle parcourt une minute en $\frac{1}{60}$ d'heure, et x minutes en $\frac{x}{60}$; de même la petite aiguille, qui parcourt 5 minutes en une heure, parcourra une minute en $\frac{1}{5}$ d'heure, et $x-15$ minutes en $\frac{x-15}{5}$. Or le temps qu'emploie la grande aiguille pour faire x minutes, égale le temps que met la petite à parcourir $x-15$; on a donc l'équation $\frac{x}{60}=\frac{x-15}{5}$, d'où $x=16\frac{4}{11}$. Il sera par conséquent 3 heures 16 minutes $\frac{4}{11}$ quand les deux aiguilles se rencontreront.

21. Soit x le nombre des heures déjà écoulées; comme le soleil se lève à 4 heures et se couche à 8, le nombre total des heures de la journée est 16; et le nombre d'heures non encore écoulées est $16-x$. Or la moitié du nombre des heures déjà écoulées surpassant d'une heure le $\frac{1}{3}$ du nombre des heures non écoulées, on a : $\frac{1}{2}x=1+\frac{1}{3}(16-x)$; d'où $x=7\frac{2}{5}$ ou 7 heures 24 minutes; et en joignant ce nombre aux 4 heures écoulées avant le lever du soleil, on a pour l'heure demandée 11 heures 24 minutes.

22 Soit x le gage annuel. Au bout de l'année, le domestique avait droit à ce gage plus un habit estimé 30 francs, ou $x+30$; et au bout de 9 mois, il ne pouvait prétendre qu'à $\frac{9}{12}(x+30)$. Mais on lui donne pour ces 9 mois, l'habillement plus 33 francs, ou bien $30+33=63$; on a donc l'équation :

$$\frac{9}{12}(x+30)=63;\ \text{d'où } x \text{ égale } 54 \text{ francs.}$$

23. Soit x le temps demandé. D'après les raisonnements présentés, la première fontaine emplira pendant ce temps x, une partie du bassin représentée par $\frac{x}{2}$; la seconde emplira pendant le même temps, une partie représentée par $\frac{x}{3}$; et le robinet videra pendant le même temps une partie représentée par $\frac{2x}{3}$; de sorte que le bassin étant vide, il se remplira au moyen des deux parties $\frac{x}{2}+\frac{x}{3}$ diminuées de la quantité $\frac{2x}{3}$ qui s'écoule par le robinet. On aura donc : $\frac{x}{2}+\frac{x}{3}-\frac{2x}{3}=1$; d'où $x=6$ heures.

24. Soit x la quantité de vin contenue dans le plus petit tonneau, $x+24$ sera la quantité de vin contenue dans le plus grand. Si l'on tire un huitième de celui-ci, il n'y restera plus que $\frac{7}{8}$ $(x+24)$ ou $x+21$. Si l'on tire pareillement $\frac{1}{8}(x+24)$ du second tonneau qui renferme x, il ne contiendra plus que $x-\frac{1}{8}$ $(x+24)$ ou $\frac{7}{8}\ x-3$. Or ces deux restes égalent 88 litres; on aura donc l'équation : $\frac{7}{8}x+21+\frac{7}{8}\ x-3=88$, d'où $x=40$. Il y avait donc 40 litres dans le petit tonneau, et 64 dans le plus grand.

25. Soit x le nombre d'œufs. La première fois, la paysanne en vend $\frac{1}{3}$ moins un œuf à 5 centimes la pièce, ce qui lui procure $5\left(\frac{1}{3}\ x-1\right)$. La seconde fois, elle vend le $\frac{1}{3}$ de ce qui lui reste moins un œuf, c'est-à-dire, le $\frac{1}{3}$ de $\left(x-\frac{1}{3}\ x+1\right)-1$, ou $\frac{2}{9}\ x-\frac{2}{3}$, à 6 centimes la pièce, ce qui lui procure $6\left(\frac{2}{9}x-\frac{2}{3}\right)$. Or cette seconde somme vaut 12 centimes de moins que la première; donc l'équation sera :

$$5\left(\frac{1}{3}\ x-1\right)=6\left(\frac{2}{9}-\frac{2}{3}\right)+12, \text{ d'où } x=39 \text{ œufs.}$$

26. Soit x le prix d'un œuf; en vendant par 98 centimes des œufs du premier panier, on en a vendu $\frac{98}{x}$; en vendant pour 56 centimes des œufs du second panier, on en a vendu $\frac{56}{x}$; et en vendant pour 14 centimes des œufs du troisième panier, on en a vendu $\frac{14}{x}$; et comme il reste alors 2 œufs par chaque panier, toutes ces qualités réunies à 3 fois 2 œufs forment le nombre de 90 œufs contenus dans les trois paniers; on a donc l'équation : $\frac{98}{x}+2+\frac{56}{x}+2+\frac{14}{x}+2=90$, d'où $x=2$. Le prix d'un œuf est donc de 2 centimes; et les qualités vendues du premier, du second et du troisième panier sont respectivement 49 œufs,

28 œufs et 7 œufs; lesquelles étant augmentées de 2 œufs, donnent pour résultat 51 œufs, 30 œufs et 9 œufs = 90.

27. Soit x la somme primitive du marchand. Le premier jour il gagne autant qu'il a et dépense 12 francs : il lui reste donc $2x - 12$; le second jour, il perd la moitié de ce qui lui reste, et dépense en outre 18 francs : il perd donc $x - 6$, et il ne lui reste que $x - 6 - 18$ ou $x - 24$; le troisième jour il gagne les $\frac{2}{3}$ de ce qui lui reste, et dépense 40 francs : il gagne donc $\frac{2}{3}(x - 24)$, possède $\frac{5}{3}$ de $(x - 24)$, et n'a plus après sa dépense que $\frac{5}{3}(x - 24) - 40$. Or, cette somme égale celle qu'il avait d'abord; d'où l'équation $\frac{5}{3}(x - 24) - 40 = x$, ce qui donne $x = 1200$ francs.

28. Soit x l'avance que le chevreuil avait sur le lévrier. Puisque le chevreuil fait un mètre par chaque saut, 3 sauts de chevreuil valent 3 mètres, et comme ces 3 sauts valent 4 sauts du lévrier, 4 sauts de lévrier valent 3 mètres, et 1 saut de cet animal vaut $\frac{3}{4}$ de mètre. De plus, le lévrier a fait 1120 sauts pour atteindre le chevreuil; comme il fait 7 sauts tandis que le chevreuil n'en fait que 5, le nombre des sauts du chevreuil égale $\frac{5}{7}$ de 1120 ou 800. Ainsi le lévrier a fait, pour atteindre le chevreuil, 1120 fois $\frac{3}{4}$ de mètre ou 840 mètres; et le chevreuil de son côté a fait 800 sauts d'un mètre ou 800 mètres; et la différence entre ces deux quantités égalant l'avance que le chevreuil avait sur le lévrier, on a l'équation :

$$840 - 800 = x, \text{ d'où } x = 40 \text{ mètres.}$$

29. Soit x le nombre de sociétaires; chacun d'eux mettant autant de fois 125 francs qu'il y a de sociétaires, fait une mise de $125x$, qui au bout de 6 mois produit un bénéfice de 5 pour 100, ou 25 francs. On a donc l'équation $\frac{5}{100}$ de $125x = 25$,

d'où : $x = 4$ sociétaires.

30. Soit x le temps demandé. D'après les conditions présentées dans le problème, la première fontaine emplira $\frac{x}{5}$, et la seconde $\frac{x}{6}$; le premier conduit videra $\frac{x}{8}$, et le second $\frac{x}{10}$; comme le bassin est à moitié et qu'il s'agit de le remplir, en laisant couler l'eau par les quatre ouvertures, on aura l'équation :

$$\frac{x}{5}+\frac{x}{6}-\frac{x}{8}-\frac{x}{10}=\frac{1}{2}, \text{ d'où } x=3\,\frac{9}{17},$$

ou 3 heures 31 minutes $\frac{13}{17}$.

31. Soit x la valeur de l'habillement; $x+72$ francs sera le gage annuel du domestique, et $\frac{x+72}{12}$ sera son gain pendant un mois; d'un autre côté, $x+30$ francs étant le montant de son gage pour 7 mois, $\frac{x+30}{7}$ sera ainsi le gage d'un mois; égalant donc ces deux valeurs, on a l'équation $\frac{x+72}{12}=\frac{x+30}{7}$, d'où $x=28$ francs 80 centimes.

32. Soit x le nombre d'heures nécessaire à la seconde écluse pour remplir le fossé; en une heure elle en remplira $\frac{1}{x}$, et en 18 heures $\frac{18}{x}$; or, l'autre écluse qui remplit seule le fossé en 30 heures, en remplit $\frac{1}{30}$ en une heure, et $\frac{18}{30}$ en 18 heures; les deux parties $\frac{18}{x}$ et $\frac{18}{30}$ formant donc la totalité du fossé rempli en 18 heures par les deux écluses; ce qui donne l'équation $\frac{18}{x}+\frac{18}{30}=1$, d'où $x=45$ heures.

33. Soit x la quantité de poudre; le salpêtre qui en fait partie pèse $\frac{1}{2}x+600$ livres; le soufre qui s'y trouve pèse $\frac{1}{3}x-500$ livres; et le charbon qui entre dans sa composition pèse $\frac{1}{4}x-300$ livres. Réunissant donc les trois quantités qui composent le tout, on a l'équation

$$x=\frac{1}{2}x+600+\frac{1}{3}x-500+\frac{1}{4}x-300, \text{ d'où } x=2400 \text{ livres.}$$

34. Soit x la plus petite partie, la suivante sera $x + 3$, la troisième $x + 3 + 3$ ou $x + 6$, la quatrième $x + 6 + 3$ ou $x + 9$, enfin la cinquième $x + 9 + 3$ ou $x + 12$. Les cinq parties réunies formant le nombre 100, on aura l'équation $x + x + 3 + x + 6 + x + 9 + x + 12 = 100$; d'où $x = 14$. Les cinq nombres demandés sont donc 14, 17, 20, 23 et 26.

35. Soit x le nombre cherché, on aura l'équation suivante, d'après les données de la question $\frac{3}{9}x + \frac{5}{6}x + 90 = 2x$,

d'où : $x = 108$.

36. Soit x la distance demandée. Le premier courrier faisant 8 kilomètres par heure, x divisé par 8 ou $\frac{x}{8}$ exprimera le temps que mettra ce courrier pour parcourir cette distance; et le second courrier faisant 12 kilomètres par heure, $\frac{x}{12}$ exprimera le temps qu'il mettra pour parcourir cette même distance. Or, comme le second est parti 6 heures après le premier courrier, le premier temps surpasse le second de 6 heures, ou $\frac{x}{8} = \frac{x}{12} + 6$, d'où $x = 144$ kilomètres.

37. Soit x le nombre de problèmes résolu : $12 - x$ sera le nombre de problèmes non résolus. Or, x problèmes à 24 centimes donne pour résultat $24x$, et $12 - x$ problèmes à 15 centimes donne $15(12 - x)$. L'excédant de cette dernière somme sur la première étant 24 centimes, on a l'équation $24x = 15(12 - x) - 24$; d'où $x = 4$, qui est le nombre des problèmes résolus.

38. Soit x le poids du second gobelet; $2x$ sera le poids du premier gobelet augmenté du couvercle, et comme le premier gobelet pèse 375, le couvercle doit peser $2x - 375$; maintenant, si l'on couvre le second gobelet, le poids des deux pièces est exprimé par $x + 2x - 375 - 12$ ou $3x - 375$, et ce poids vaut 3 fois celui du premier gobelet, ou 1125 grammes; ainsi $3x - 375 = 1125$, d'où $x = 250$ grammes, et celui du couvercle est de 875 grammes.

39. Soit x le nombre d'abricots; la marchande en vend d'abord

20, et il ne lui en reste que $x - 20$; puis elle en vend un dixième du reste ou $\frac{1}{10}(x-20)$; et elle en mange 3, de sorte qu'elle n'en a plus que 3 quarts de la première quantité. Réunissant donc toutes les quantités qui composent le quart qu'elle n'a plus, on a l'équation $20 + \frac{1}{10}(x-20) + 3 = \frac{1}{4}x$;

d'où $x = 140$ abricots.

40. Soit x le temps demandé. Le premier ouvrier faisant 10 mètres par jour, fera $10x$ en x jours; le second, qui fait 14 mètres par jour, en fera $14x$ en x jours; et le troisième, qui en fait 16 par jour, en fera $16x$ en x jours. Or, les trois ouvriers réunis devant faire 100 mètres en x jours, on aura l'équation :

$$10x + 14x + 16x = 100;\ \text{d'où } x = 2 \text{ jours } \frac{1}{2}.$$

Exercices sur les Équations du premier degré à plusieurs inconnues.

N° 17.

1. $x = 7$; $y = 9$.
2. $x = 4$; $y = 8$.
3. $x = 51$; $y = 17$.
4. $x = 12$; $y = 12$.
5. $x = 11$; $y = 15$.
6. $x = 22$; $y = 8$.
7. $x = 32$; $y = 2$.
8. $x = 6$; $y = 3$.
9. $x = 60$; $y = 72$.
10. $x = 10$; $y = 14$.
11. $x = 3$; $y = 5$; $z = 8$.
12. $x = 7$; $y = 9$; $z = 11$.
13. $x = 64$; $y = 72$; $z = 84$.
14. $x = 12$; $y = 8$; $z = 11$.
15. $x = 7$; $y = 11$; $z = 3$.
16. $x = 3$; $y = 5$; $z = 11$.
17. $x = 1723$; $y = 2018$; $z = 3084$.
18. $x = 3$; $y = 1$; $z = 5$; $v = 9$.
19. $x = 2$; $y = 5$; $z = 6$; $v = 4$.
20. $x = 5$; $y = 4$; $z = 6$; $v = 3$.

Problèmes du premier degré à plusieurs inconnues.

N° 18.

1. Soient x le chiffre des dizaines, et y le chiffre des unités dont ce nombre est formé, on aura pour l'expression du nombre $10x + y$; et comme cette valeur est celle du quadruple de la somme des chiffres ou $4(x + y)$, on aura pour première équation :

$$10x + y = 4x + 4y.$$

Si l'on renverse ledit nombre, il deviendra $10y + x$, et comme il surpasse alors de 72 la somme des mêmes chiffres, on aura pour seconde équation : $10y + x = 72 + x + y$.

La résolution de ces deux équations donne $x = 4$ et $y = 8$; d'où le nombre demandé est 48.

2. Les deux nombres demandés étant x et y, 7 fois le premier ou $7x$, plus 5 fois le second ou $5y$ égalent 332, d'où l'équation :

$$7x + 5y = 332.$$

De plus, leur différence $(x - y)$ multipliée par 39 donne 312; donc :

$$39(x - y) = 312.$$

d'où l'on tire : $x = 31$, et $y = 23$.

3. Soient x le numérateur et y le dénominateur de la fraction proposée. En ajoutant 5 à chacun de ces termes, la fraction devient $\frac{x+5}{y+5}$ et elle équivaut à $\frac{4}{5}$; en soustrayant 5 de chacun des deux termes, la fraction devient $\frac{x-5}{y-5}$ et elle équivaut à $\frac{3}{5}$; on a donc les deux équations : $\frac{x+5}{y+5} = \frac{4}{5}$ et $\frac{x-5}{y-5} = \frac{3}{5}$;
d'où l'on tire : $5x + 5 = 4y$ et $5x - 10 = 3y$ (B).

Opérant la résolution pour la combinaison des équations, on obtient $y = 15$; puis substituant cette valeur dans l'équation (B), on trouve $x = 11$. Ainsi la fraction demandée est $\frac{11}{14}$.

4. Soient x le nombre des jetons de la main gauche, et y celui des jetons de la main droite. En faisant passer 9 jetons de la main gauche dans la main droite, il y aura le même nombre de jetons dans l'une et dans l'autre main; on pourra donc exprimer cette condition par $x - 9 = y + 9$.

Si l'on fait passer 9 jetons de la main droite dans la main gauche, le nombre des jetons de la main gauche deviendra le double de celui de la droite, et l'on aura alors l'équation :

$$x + 9 = 2(y - 9)$$

ou

$$x + 9 = 2y - 18.$$

Pour résoudre les équations :

A $\qquad x - 9 = y + 9,$

B $\qquad$ et $\quad x + 9 = 2y - 18;$

nous emploierons la méthode par la substitution des valeurs. (On peut faire usage de toute autre méthode.)

Prenant la valeur de x dans l'équation A, on obtient

C $\qquad x = y + 18.$

Substituant $y + 18$ à x dans l'équation B, on obtient $y + 18 + 9 = 2y - 18$. De cette équation à une seule inconnue, on tire $y = 45$.

Substituant 45 à y dans l'une des deux équations A ou B, ou même dans l'équation C, on obtient alors la valeur de x, c'est-à-dire $x = 45 + 18 = 63$.

La main gauche contient 63 jetons, et la droite 45.

Remarque. — Pour résoudre tous les problèmes du même genre, on multiplie par 5 et par 7 le nombre qui sert de passage : les deux produits expriment les nombres demandés. Ainsi au lieu de 9 jetons, si l'on en avait fait passer 12 le plus petit eût été 5×12 ou 60, et le plus grand 7×12 ou 84.

5. Soient x le gain d'un homme, et y celui d'une femme, 10 hommes et 6 femmes gagnant 21 francs en un jour, on aura pour première équation $10x + 6y = 21$. Puis 12 hommes et 14 femmes gagnant 32 francs en un jour, on aura pour seconde équation $12x + 14y = 32$. Résolvant ces équations par la substitution des valeurs, on obtient : $x + 1$ franc 50 centimes, et $y = 1$ franc.

6. Il faut ici se rappeler que lorsqu'on connaît la somme et la différence de deux nombres, le plus grand égale la moitié de la somme jointe à la moitié de la différence, et le plus petit égale la moitié de la somme moins la moitié de la différence. Ainsi dans le problème proposé, la plus grande fraction vaudra $\frac{1}{2}\left(\frac{15}{16}+\frac{9}{16}\right)=\frac{12}{16}$; et la plus petite, $\frac{1}{2}\left(\frac{15}{16}-\frac{12}{16}\right)=\frac{3}{16}$.

Soit maintenant x le numérateur, et y le dénominateur de la plus grande fraction; $6-x$ et $20-y$ seront les numérateur et dénominateur de la plus petite, et l'on aura pour équation: $\frac{x}{y}=\frac{12}{16}$ et $\frac{6-x}{20-y}=\frac{3}{16}$. D'où l'on tire $x=3$, et $y=4$: ainsi la première fraction est $\frac{3}{4}$, et la seconde $\frac{3}{16}$.

7. Soient x le nombre des poires du premier panier, et y celui du second. En mettant 4 poires du premier dans le second, il y aura dans l'un $x-4$, et dans l'autre $y+4$; et puisque ces deux nombres sont égaux, on a l'équation : $x-4=y+4$.

Si, au contraire, on met 8 poires du second dans le premier, les quantités respectives seront $x+8$ et $y-8$; mais alors le premier en contient le double de l'autre : ce qui donne pour seconde équation : $x+8=2(y-8)$.

Résolvant ces deux équations, on trouve $x=40$, et $y=32$.

8. Soient x le poids de l'or contenu dans la couronne, et y le poids de l'argent. On aura pour première équation : $x+y=10$ livres. Ensuite, si l'or perd dans l'eau $\frac{1}{4}$ de son poids, la quantité x plongée dans l'eau n'y pèsera plus que $\frac{3}{4}x$; de même, si l'argent perd dans l'eau $\frac{1}{3}$ de son poids, la quantité y plongée dans l'eau n'y pèsera plus que $\frac{2}{3}y$. Or ces deux quantités réunies font 7 livres; ainsi $\frac{3}{4}x+\frac{2}{3}y=7$.

La résolution de ces équations donne $x=4$, et $y=6$.

9. Soient x le numérateur, et y le dénominateur de cette fraction. En augmentant le numérateur d'une unité, ce terme devient $x+1$, et alors la fraction $\frac{x+1}{y}$ équivaut à $\frac{2}{3}$. En augmentant pareillement le dénominateur d'une unité, ce terme devient $y+1$, et alors la fraction $\frac{x}{y+1}$ équivaut à $\frac{1}{2}$: on a donc les deux équations : $\frac{x+1}{y}=\frac{2}{3}$ et $\frac{x}{y+1}=\frac{1}{2}$. En les résolvant, on obtient $x=5$ et $y=9$; d'où $\frac{5}{9}$.

10. Soient x le plus grand nombre, et y le plus petit; on aura pour équations : 1° $x-y=\frac{1}{7}(x+y)$;

2° $x+y+4(x-y)=44$;

d'où l'on tire $x=16$ et $y=12$.

11. Soient x le nombre de pommes que l'on a pour 5 centimes, et y le nombre de poires que l'on a pour le même prix; le prix d'une pomme sera $\frac{5}{x}$, et celui d'une poire $\frac{5}{y}$. Les 18 pommes et les 30 poires du premier marché coûteront $\frac{5\times 18}{x}$ et $\frac{5\times 30}{y}$; de même les 10 pommes et les 50 poires du second marché coûteront $\frac{5\times 10}{y}$ et $\frac{5\times 50}{x}$. Or ces deux marchés ont été payés 25 centimes chacun; on aura donc les deux équations :

$$\frac{5\times 18}{x}+\frac{5\times 30}{y}=25 \quad \text{et} \quad \frac{5\times 10}{x}+\frac{5\times 50}{y}=25;$$

d'où $90y+150x=25xy$, et $50y+250x=25xy$ (A). Égalant entre eux les deux premiers membres, l'on a $90y+150x=50y+250x$, ou $y=\frac{5}{2}x$ (B). Substituant cette valeur dans le premier terme de l'équation (A), on obtient :

$$123x+250x=25xy;$$

puis divisant toute l'équation par x, on a : $25y=375$, d'où $y=15$. Alors substituant cette valeur dans l'équation (B), on obtient $x=6$. On a donc acheté 6 pommes et 15 poires pour le même prix, c'est-à-dire pour 5 centimes.

12. Soient x le numérateur et y le dénominateur : d'après l'énoncé de la question, $x+y=3640$. Si l'on désigne maintenant par D le plus grand commun diviseur des deux termes, le numérateur de la fraction réduite à sa plus simple expression sera

$\frac{x}{D}$, et le dénominateur sera pareillement $\frac{y}{D}$, et comme ces deux termes réunis font 280, on aura l'équation $\frac{x}{D} + \frac{y}{D} = 280$, $x + y = 280D$. Comparant cette équation à la première, on trouve $D = 13$. Mais comme la différence entre les deux dénominateurs est de 1884, on aura $y - \frac{y}{D} = 1884$, ou $Dy - y = 1884\,D$; substituant la valeur de D, l'on obtient $12y = 24492$, d'où $y = 2041$. Soustrayant cette valeur de la somme 3640, on obtient pour x, 1599; et la fraction demandée est $\frac{1599}{2041}$.

13. Soient x le premier nombre et y le second; les équations seront : 1° $\frac{1}{6}x + \frac{1}{11}y = 26$
2° $\frac{1}{2}x - \frac{1}{7}y = 46$ } d'où $x = 114$, et $y = 77$.

14. Soient x l'âge de l'individu, et y le nombre par lequel on multiplie cet âge : le produit des deux quantités sera xy; et si on diminue ce produit du quintuple de l'âge, ou de $5x$, on aura l'âge demandé : ainsi $xy - 5x = x$.

Pareillement, en divisant l'âge par ce même nombre, ce qui donne $\frac{x}{y}$, et en y ajoutant les $\frac{5}{6}$ de l'âge ou $\frac{5}{6}$ de x, on a l'âge demandé, c'est-à-dire que $\frac{x}{y} + \frac{5}{6}x = x$, ou $6x + 5yx = 6xy$.

Divisant les deux équations par x, elles deviennent : $y - 5 = 1$ et $6 + 5y = 6$, équations identiques, d'où l'on peut tirer seulement la valeur de $y = 6$.

On ne peut donc déterminer l'âge demandé.

15. Si x est le chiffre des dizaines, et y celui des unités, le nombre proposé est équivalent à $10x + y$; ce nombre renversé équivaut à $10y + x$. Puisqu'en ajoutant 9 au nombre primitif, on obtient le nombre renversé, on aura $10x + y + 9 = 10y + x$.

Et comme en le diminuant de 9 on aura pour reste 4 fois la somme de ses chiffres, la seconde équation sera $10x + y - 9 = 4(x + y)$.

D'où l'on tire $x = 4$ et $y = 5$. Le nombre demandé est donc 45.

16. Soient x le nombre des jetons contenus dans la main droite, et y celui de la main gauche. Si l'on en prend 4 dans la droite pour les mettre dans la gauche, on en aura dans celle-ci $y + 4$, et dans l'autre $y - 4$, et comme alors le premier résultat est double du second, on a l'équation : $y + 4 = 2\,(x - 4)$.

Si, au contraire, on avait fait passer 6 jetons de la main gauche dans la droite, on aurait eu pour résultats $y - 6$ et $x + 6$, et ce dernier nombre aurait été triple de l'autre; d'où la seconde équation : $x + 6 = 3\,(y - 6)$.

Résolvant ces deux équations, on trouve qu'il y avait 12 jetons dans chaque main.

17. Soient x le premier nombre, et y le second, on aura pour équations : 1° $11x + y = 96$, 2° $x + 5y = 102$ } d'où $x = 7$, et $y = 19$.

18. Soient x la durée du règne d'Alexandre, et y les années de sa vie. S'il était mort 9 ans plus tôt, il n'eût vécu que $y - 9$, et il n'eût régné aussi que $x - 9$, et comme cette dernière quantité fait un huitième de l'autre, on a : $y - 9 = 8\,(x - 9)$.

Si, au contraire, il eût vécu 9 ans de plus, sa vie eût été de $y + 9$, et son règne de $x + 9$. Mais alors il aurait régné la moitié de sa vie; on a donc $y + 9 = 2\,(x + 9)$. On tire de ces équations : $x = 12$, et $y = 33$.

19. Soient x le nombre de francs contenus dans la première bourse, et y celui de la seconde bourse. En prenant 2 francs dans la première, il n'y reste plus que $x - 2$; et si on les met dans la seconde, il s'y trouvera $y + 2$. Mais alors il en reste encore dans la première 3 fois autant que dans la seconde : ainsi $x - 2 = 3\,(y + 2)$.

Au contraire, si l'on prend 1 franc dans la seconde pour le mettre dans la première, on aura dans celle-ci $x + 1$, et dans l'autre $y - 1$; et comme alors la première en contient 5 fois autant que la seconde, la deuxième équation est $x + 1 = 5\,(y - 1)$.

On tire de la résolution de ces équations : $x = 29$ et $y = 7$.

20. Soient x la dépense d'un homme, y celle d'une femme et z celle d'un enfant, on aura successivement les équations : $7x + 8y$

$= 82$, $9y + 7z = 73$ et $8x + 5z = 68$; d'où l'on tire : $x = 6$, $y = 5$, et $z = 4$ francs.

21. Soient x le salaire journalier du père, et y celui du fils : 12 jours de travail du père et 8 jours du fils valent 30 francs, on a pour équation : $12x + 8y = 30$. Ensuite 9 jours du travail du père et 4 jours du fils valent 21 francs, on a pour seconde équation : $8x + 4y = 21$.

La résolution de ces équations conduit à $x = 2$ francs, et $y = 75$ centimes.

22. Désignant par x le nombre de lignes par chaque page, et par y le nombre de lettres par chaque ligne, le nombre des lettres contenues dans une page sera xy : mais s'il y a 228 lettres de plus en augmentant la page de 3 lignes, et chaque ligne de 4 lettres, on aura pour équation $(x + 3)(y + 4) = xy + 228$. De même, si, en diminuant la page de 2 lignes, et chaque ligne de 3 lettres, il y a 147 lettres de moins, on aura pour deuxième équation $(x - 2)(y - 3) = xy - 147$.

La résolution de ces équations donne $x = 27$ lignes, et $y = 36$ lettres.

23. Soient les trois parties x, y et z. Puisque leur somme égale 100, on aura $x + y + z = 100$. Maintenant si l'on effectue respectivement sur chacune d'elles les multiplications, additions, et divisions indiquées, on aura les résultats égaux :

$$\frac{3x + 11}{4} = \frac{5y + 55}{6} = \frac{7x + 98}{8}.$$

d'où l'on tire $x = 43$, $y = 31$, et $z = 26$.

24. Soient x, y et z les nombres de coups de canon tirés respectivement par chacun des canonniers. Le premier et le second en ayant tiré ensemble 20 de plus que le 3me, on a $x + y = z + 20$; le second et le troisième en ayant tiré 32 de plus que le premier, on a $y + z = x + 32$; enfin le premier et le troisième en ayant tiré 28 de plus que le second, on a $x + z = y + 28$. D'où l'on déduit : $x = 24$, $y = 26$ et $z = 30$.

25. Soient x, y, z et v les quatre parties composant le nombre 317; on aura pour première équation $x + y + z + v = 317$.

Ensuite, si l'on obtient des résultats égaux en ajoutant la première partie avec le tiers des trois autres, la seconde avec le quart des trois autres, la troisième avec le cinquième des trois autres, et la quatrième avec le sixième des trois autres, on en déduira les trois équations :

$$x + \frac{1}{3}(y+z+v) = y + \frac{1}{4}(x+z+v), \text{ ou } 9x + z + v = 8y;$$

$$x + \frac{1}{3}(y+z+v) = z + \frac{1}{5}(x+y+v), \text{ ou } 6x + y + v = 5z;$$

$$x + \frac{1}{3}(y+z+v) = v + \frac{1}{6}(x+y+z), \text{ ou } 5x + y + z = 4v.$$

En les résolvant, on trouve $x = 47$, $y = 77$, $z = 92$ et $v = 101$.

26. Soient x le nombre des chèvres, y le nombre des vaches, et z celui des moutons. D'après l'énoncé du problème, x égale le quart du reste augmenté de 1, ou $x + \frac{1}{4}(y+z+1)$; y égale la moitié du reste augmenté de 1, ou $y = \frac{1}{2}(x+z+1)$; et z égale les $\frac{6}{7}$ du reste augmenté de 1 ou $z = \frac{6}{7}(x+y+1)$. On tire de ces trois équations : $x = 39$, $y = 65$ et $z = 90$.

27. Soient x la somme qu'avait d'abord celui qui a perdu la première partie, y la somme de celui qui a perdu la deuxième, et z la somme de celui qui a perdu la troisième. La condition étant que celui qui gagne doit doubler l'argent des deux autres, le second et le troisième ont donc, à la fin de la première partie : l'un $2y$, et l'autre $2z$; et le premier n'a plus que $x - y - z$. A la fin de la seconde, l'argent du premier et du troisième joueur étant doublé, le premier a $2x - 2y - 2z$, et le troisième, $4z$; et il ne reste plus au second que $2y - x + y + z - 2z$ ou $3y - x - z$. Finalement, après la troisième partie, le troisième joueur ayant dû doubler l'argent des deux autres, le premier a $4x - 4y - 4z$, et le second $6y - 2x - 2z$, tandis qu'il reste au troisième $4z - 2x + 2y + 2z - 3y + x + z$, ou $7z - x - y$. Or ces trois résultats égalent 60 francs chacun, on a donc pour équations :

$$4x - 4y - 4z = 60; \qquad 6y - 2x - 2z = 60;$$
$$\text{et } 7z - x - y = 60.$$

D'où l'on tire $x = 97$ fr. 50, $y = 52$ fr. 50, et $z = 30$.

28. Soient x l'âge de l'aîné, et y l'âge du cadet. On peut d'abord déterminer leurs parts, dont on connaît la somme 8000, et la différence 2000. Le cadet ayant eu la plus forte part, a reçu $\frac{1}{2}(8000+2000)=5000$; l'aîné a eu $\frac{1}{2}(8000-2000)=3000$. Or, comme les parts sont en raison inverse des âges, on a la proportion $y:x=3000:5000$; d'où $5y=3x$. Maintenant, si l'aîné avait eu 4 ans de moins, et le cadet 4 ans de plus, ils auraient eu des parts égales; ainsi : $x-4=y+4$. La résolution de ces équations donne pour valeurs : $x=20$ et $y=12$.

29. Soient x, y et z les prix de ces trois chevaux : on aura pour équations : $x+\frac{1}{2}(y+z)=530, y+\frac{1}{3}(x+z)=460$, et $z+\frac{1}{4}(x+y)=430$;

D'où l'on obtient $x=240$, $y=280$ et $z=300$ francs.

30. Nous désignerons par x le plus grand commun diviseur de la première fraction, et par y celui de la seconde. Puisque la première peut se réduire à $\frac{4}{5}$, son expression équivaut à $\frac{4x}{5x}$; de même la seconde pouvant se réduire à $\frac{6}{7}$, son expression équivaut à $\frac{6y}{7y}$. Or, en retranchant respectivement les deux termes de celle-ci, des deux termes de la première, on a une troisième fraction équivalente à $\frac{2}{3}$, mais dont les deux termes réunis égalent 20. Désignant donc par z le plus grand commun diviseur de la troisième fraction, l'expression de celle-ci est $\frac{2z}{3z}$; et comme ces deux termes réunis égalent 20, on a $2z+3z=20$; d'où $z=4$. La troisième fraction est donc $\frac{2\times 4}{3\times 4}=\frac{8}{12}$, et conséquemment la différence des numérateurs est 8 et celle des dénominateurs est 12; d'où les équations : $4x-6y=8$ et $5x-7z=12$.

En les résolvant, on obtient $x=8$ et $y=4$. Alors, si l'on multiplie les deux termes 4 et 5 par 8, et les deux termes 6, 7 par 4, on aura les fractions demandées $\frac{32}{40}$ et $\frac{24}{28}$, qui satisfont entièrement aux conditions du problème.

31. Soient x la somme de Jean, y celle de Pierre et z celle de Victor : on aura les trois équations :

$$x + 5y + 5z = 3700, \qquad y + 3x + 3z = 3700,$$
$$\text{et } z + 4x + 4y = 3700;$$

d'où l'on tire $x = 700$, $y = 100$ et $z = 500$.

32. Désignant par x le numérateur, et par y le dénominateur de la fraction réduite; puis exprimant par D le plus grand diviseur, commun aux deux termes de la fraction primitive, on aura pour ces deux termes non réduits : Dx et Dz. Or, d'après l'énoncé de la question, la différence entre ces deux termes est 3534, d'où l'équation : $Dy - Dx = 3534$. De plus, la différence entre l'ancien et le nouveau numérateur étant 3810, on aura pour seconde équation : $Dx - x = 3810$; et la différence entre l'ancien et le nouveau dénominateur étant 7230, on aura pour troisième équation : $Dy - y = 7230$.

Pour résoudre facilement ces trois équations :

$$Dy - Dx\,3534\,(A), \qquad Dx - x = 3810\,(B),$$
$$\text{et } Dy - y = 7230\,(C),$$

il faut prendre dans les deux dernières (B) et (C), la valeur de x et de y, et soustraire la première de la seconde; ce qui donne :

$$y - x = \frac{7230 - 3810}{D - 1} = \frac{3420}{D - 1}.$$

puis multiplier cette valeur par D, pour la substituer dans l'équation (A), qui devient alors

$$\frac{3420D}{D - 1} = 3534, \text{ d'où l'on tire } D = 31.$$

Alors, substituant cette valeur dans les équations (B) et (C), on obtient $x = 127$; et $y = 241$; la fraction réduite est donc $\frac{127}{241}$, et en multipliant les deux termes par 31, on obtient la fraction primitive $\frac{3937}{7471}$.

33. Soient x le nombre d'officiers, et y la part d'un soldat; puisqu'il y a un officier sur 34 soldats, le nombre de ceux-ci sera $34x$; et comme un officier reçoit 200 fr. de plus qu'un soldat, la part d'un officier sera $y + 200$. D'après cela, la totalité des parts d'officiers égale $x(y + 2000)$, et celle des parts de soldats égale

$34x \times y$. Mais la somme à partager est 51975 fr.; ainsi $x(y+200) + 34xy = 51975$; et comme la différence entre la totalité des parts de soldats et celle des parts d'officiers est 40845, on aura pour seconde équation : $34xy - x(y+200) = 40845$. On résoudra ces équations en prenant la valeur de xy dans la première pour la substituer dans la seconde, et l'on aura : $1715175 - 6600x - 7000x = 1429575$, d'où l'on tire $x = 21$. Il y avait donc 21 officiers, et par conséquent 21×34 soldats; ou 714; et le bataillon était composé de $714 + 21 = 735$ hommes.

Maintenant, si l'on veut savoir quelle a été la part de chacun, on reprendra la valeur de $xy = 1365$, dans laquelle on substituera celle de $x = 21$, et l'on aura $y = 65$. Chaque soldat a donc eu 65 francs, et chaque officier en a eu $65 + 200 = 265$.

34. Soient x le nombre des personnes, et y la somme à partager; on déterminera les parts de la manière suivante : la première personne prélevant 1 franc et $\frac{1}{12}$ du reste, on aura pour sa part $1 + \frac{1}{12}(y-1)$. La seconde personne prenant ensuite 2 francs, puis $\frac{1}{12}$ du reste, on cherchera d'abord ce reste qui est $y - 2 - 1 - \frac{1}{12}(y-1)$, ou bien $\frac{1}{12}(11y - 35)$; et la douzième partie de ce reste sera $\frac{1}{144}(11y - 35)$; ainsi la seconde personne aura pour sa part $2 + \frac{1}{144}(11y - 35)$. Or puisque toutes les parts sont égales, la première et la seconde fournissent l'équation : $1 + \frac{1}{12}(y-1) = 2 + \frac{1}{144}(11y - 35)$; d'où l'on tire : $y = 121$ francs. Maintenant si l'on prend la part de la première personne d'après les conditions données, on aura pour cette part 11 francs, et comme le nombre des personnes égale le nombre de fois 11 en 121, on aura pour valeur de $x = \frac{121}{11} = 11$. Il y avait donc 11 personnes, et 121 francs à partager,

35. Soient x le nombre des rangées 7 à 7, et y celui des rangées 11 à 11. Si en rangeant les soldats 7 à 7, il en reste 1, le total du peloton sera $7x+1$; si en les rangeant 11 à 11, il en reste 10, le total du peloton sera $11y+10$; d'où l'équation $7x+1 = 11y+10$. Mais le nombre de rangées 7 à 7 surpasse de 3 celui des rangées 11 à 11 ; on aura donc pour seconde équation $x = y + 3$. On tire de ces équations les valeurs $x = 6$ et $y = 3$; alors augmentant de 1 le produit 6×7, ou augmentant de 10 le produit de 3×11, on obtient pour nombre total 43.

56. Soient x le nombre de mètres, et y le prix d'un mètre. En achetant 5 mètres de plus coûtant 3 francs de moins, on paie $(x+5)(y-3)$; et comme alors on paie autant que l'on a payé sans ces suppositions, on a l'équation $(x+5)(y-3) = xy$. Si, au contraire, on achetait 6 mètres de plus d'une étoffe qui coûterait 4 francs de moins, on devrait payer $(x+6)(y-4)$; et comme ce prix diffère du prix réel de 18 francs, on a pour seconde équation : $(x+6)(y-4) = xy - 18$.

En résolvant ces deux équations, on obtient $x = 30$, et $y = 21$. On a donc acheté 30 mètres à 21 francs.

57. Soient x, y, z et v les nombres d'élèves qui occupent respectivement les quatre étages. S'il y a au premier 2 fois autant d'élèves qu'au quatrième, on en déduit $x = 2v$. Si les élèves du premier et du quatrième réunis font autant que ceux du deuxième et du troisième pris ensemble, on a $x + v = y + z$; de plus, s'il y a au troisième 5 fois l'excédant du nombre des élèves du premier sur celui des élèves du second, on obtient $z = 5(x - y)$. Enfin le nombre total des élèves étant 600, on a pour quatrième équation :

$$x + y + z + v = 600.$$

En les résolvant par la méthode de la substitution des valeurs, on trouve pour résultats : 200, 175, 125 et 100.

58. Soient x la quantité de vin contenue d'abord dans le premier vase, y celle du second, et z celle du troisième. D'après l'énoncé, ces trois quantités font ensemble 81 litres; ainsi $x + y + z = 81$. Si l'on verse du premier vase dans les deux autres de manière à tripler la quantité de vin qui s'y trouve, il y aura alors dans le second $3y$ et dans le troisième $3z$; et comme on aura mis $2y + 2z$ provenant du premier vase, il ne restera plus dans celui-ci que $x - 2y - 2z$. Si maintenant on verse du second vase dans les deux autres, de manière à tripler ce qu'il y a, on aura dans le premier vase $3x - 6y - 6z$, et dans le troisième $9z$, et comme on y a mis $2x - 4y - 4z$ et $6z$ aux dépens du second vase, qui contenait $3y$, il ne restera plus dans celui-ci que $3y - 2x + 4y + 4z - 6z$, ou $7y - 2x - 2z$. Enfin si l'on fait la même opération aux dépens du troisième vase, on aura dans le premier $9x - 18y - 18z$, dans le second $21y - 6x - 6z$, et dans le troisième $9z - 6x + 12y + 12z - 14y + 4x + 4z$, ou $25z - 2x - 2y$. Or ces trois résultats étant égaux, on a pour équations :

$$9x - 18y - 18z = 21y - 6x - 6z,$$
$$\text{et } 9x - 18y - 18z = 25z - 2x - 2y;$$

d'où l'on tire les valeurs $x = 55$, $y = 19$ et $z = 7$.

39. Soient x l'âge de Newton et y celui de Descartes à l'époque de leur mort respective. Puisqu'en 1812 il s'était écoulé depuis la mort de Newton, autant d'années que ce savant a vécu, l'époque de la mort de Newton est $1812 - x$, et celle de sa naissance $1812 - 2x$. Ensuite, comme 23 ans après la mort de Newton, il y avait un siècle que Descartes avait cessé de vivre, l'époque de la mort de Descartes sera exprimée par $1812 - x - 100 + 23$ ou $1735 - x$, et celle de sa naissance par $1735 - x - y$. Maintenant si Descartes eût vécu 25 ans de plus, son âge eût été $y + 15$, et comme il aurait eu les deux tiers de cet âge au moment où naquit Newton, l'époque de sa naissance peut être exprimée par $1812 - 2x - \frac{2}{3}(y + 15)$; comparant cette quantité à celle qui a été exprimée plus haut, on a l'équation :

$$1735 - x - y = 1812 - 2x - \frac{2}{3}(y + 15). \text{ (A).}$$

De plus, Newton était au dix-septième de son âge, 3 ans avant la mort de Descartes, c'est-à-dire en $1735 - x - 3$ ou en $1732 - x$; il avait donc à cette époque $\frac{1}{17}x$, mais comme il était né en $1812 - 2x$, si l'on ajoute à cette quantité $\frac{1}{17}x$, on aura une époque équivalente à $1732 - x$; d'où la seconde équation :

$$1732 - x = 1812 - 2x + \frac{1}{17}x.$$

On en tire pour valeur de x, 85 ans; et en la substituant dans l'équation (A), on a pour y, 54 ans. D'après cela Newton est mor en 1727, et il était né en 1642; Descartes est mort en 1650; il était né en 1596.

40. Désignant par a l'accroissement d'eau par source et par heure, et par v le vide que produit chaque pompe pendant une heure, on aura pour le bassin qui contient 47 mètres cubes, un accroissement de $x \times 4a$, produit par 4 sources pendant 2 heures; et un vide de $2 \times 5v$, produit par les 5 pompes en 2 heures; et comme ce vide est complet, on a l'équation $47 + 2 \times 4a = 2 \times 5v$, ou $47 + 8a = 10v$.

De même, pour le bassin contenant 84 mètres cubes, l'accroissement produit par les 5 sources pendant 3 heures sera de $3 \times 5a$, et les 6 pompes épuiseront en 3 heures, $3 \times 6v$. On aura donc pour seconde équation :

$$84 + 3 \times 5a = 3 \times 6v, \text{ ou } 84 + 15a = 18v.$$

Enfin pour le bassin contenant 95 mètre cubes, alimenté par 6 sources et vidé par x pompes en 2 heures et demie, on aura l'équation :

$$95 + 7 \times \frac{5}{2}a = vx, \text{ ou } 95 + 15a = \frac{5}{2}vx.$$

Résolvant les deux premières, pour trouver les valeurs de a et de v, puis substituant celle-ci dans la troisième, on trouve $x = 8$. Il faudrait donc employer 8 pompes pour opérer le vide demandé.

Problèmes offrant des résultats négatifs.

N° 19.

1. Soit x le nombre d'années demandé; quand elles seront écoulées, le père aura $36 + x$, et le fils $12 + x$; mais alors l'âge du père étant le quadruple de celui du fils, on aura l'équation :

$$36 \times x = 4\ (12 + x); \text{ d'où } x = -4 \text{ ans.}$$

Énoncé rectifié. — Un père a 36 ans et son fils en a 12 : on demande à quelle époque l'âge du père *était* quadruple de l'âge du fils?

Réponse. Il y a 4 ans.

2. Soit x le nombre demandé. En l'ajoutant au produit de 16×21, on obtient $336+x$, et comme ce résultat égale 2 fois les $\frac{25}{56}$ dudit produit, on a pour équation : $336+x=300$; d'où $x=-36$.

Énoncé rectifié. — Quel nombre faut-il *retrancher* du produit de 16 fois 21, pour que le résultat soit égal à 2 fois les 25 cinquante-sixièmes du même produit?

Réponse. 36.

3. Soit x le plus petit des deux nombres; leur différence étant 5, le plus grand sera $x+5$; et leur produit x^2+5x. Si maintenant l'on augmente chacun de ces nombres de 5 unités, ils deviendront $x+5$ et $x+10$, et le produit sera $x^2+15x+50$. Or, comme ce second produit surpasse le premier de 30 unités, on aura l'équation : $x^2+5x+30=x^2+15x+50$; d'où $x=-2$, et le plus grand nombre est $-2+5=3$.

Énoncé rectifié. — Deux nombres sont tels que leur produit *moins* 30 égale le produit de ces mêmes nombres *diminués* chacun de 5 unités; on sait que leur différence est 5 : quels sont ces deux nombres?

Réponse. 3 et 8.

4. Soit x la différence entre les moments du départ des deux courriers. Si le premier fait 9 kilomètres à l'heure, il aura mis, pour faire le chemin qu'il a parcouru, $\frac{144}{9}$ ou 16 heures, de même le second faisant 8 kilomètres à l'heure, aura mis, pour faire le même chemin $\frac{144}{8}$ ou 18 heures. Or x exprimant le retard apporté par le second à se mettre en route, on aura $16-18=x$, d'où $x=-2$ heures.

Énoncé rectifié. — Deux courriers faisant, l'un 9 kilomètres et l'autre 8 kilomètres à l'heure, et se dirigeant vers le même but, se sont rencontrés à une distance de 144 kilomètres de leur point de départ : on demande combien de temps le second est parti *avant* le premier.

Réponse. 2 heures.

5. Soit x le temps demandé. Le poids descendant de 11 centimètres en 3 minutes, se trouve à chaque minute $\frac{11}{3}$ de centimètre plus bas; l'insecte s'élevant ainsi de 17 centimètres en 5 minutes, s'élève de $\frac{17}{5}$ en une minute; et ainsi en x minutes, il s'élèvera de $\frac{17}{5}x$, et il descendra de $\frac{11}{3}x$. Mais la différence entre ces deux nombres donnant un surcroît d'élévation de 12 centimètres, on aura pour équation : $\frac{17}{5}x - \frac{11}{3}x = 12$; d'où $x = -45$ minutes, c'est-à-dire que l'insecte, au lieu de s'élever, sera 12 centimètres plus bas que son point de départ.

Énoncé rectifié. — Le poids d'une pendule descend de 11 centimètres en 3 minutes; un insecte grimpe le long de la corde et fait 17 centimètres en 5 minutes: on demande en combien de temps cet insecte sera 12 centimètres *plus bas* que son point de départ.

Réponse. En 45 minutes.

6. Soit x l'année de la fondation de Rome. Charlemagne étant né 1496 ans après la fondation de Rome, l'époque de sa naissance, à dater de cette fondation, peut-être exprimée par $x + 1496$. De plus, s'il fût mort un an plus tard, il eût régné pendant les deux tiers de sa vie; or, comme il a régné 47 ans, et qu'en vivant un an de plus, il en eût régné 48, ce dernier nombre exprime les $\frac{2}{3}$ de la vie de Charlemagne augmentée d'un an : ainsi, Charlemagne a vécu 71 ans, et l'année de sa mort, qui eut lieu l'an 814 de l'ère chrétienne, peut être exprimée par $x + 1496 + 71$ ou $x + 1567$. Mettant ces deux époques en équation, l'on a : $x + 1567 = 814$; d'où $x = -753$; c'est à dire que Rome fut fondée 753 ans avant l'ère chrétienne.

Remarque. — Dans ce problème, il n'y a pas lieu à changer l'énoncé, parce que l'époque de la fondation de Rome étant calculée relativement à l'ère chrétienne, le résultat -753 indique convenablement que ce n'est point après, mais avant la naissance du Christ que Rome fut fondée.

7. Soient x le temps qui s'est écoulé entre minuit et le lever du soleil, et y le nombre des heures écoulées depuis lors; $x+y$ sera l'heure actuelle, et le temps qui reste encore à s'écouler jusqu'à midi sera $12-x-y$. Or ce temps est double de celui qui s'est déjà écoulé depuis minuit; d'où l'équation $12-x-y=2(x+y)$. De plus, ce même temps surpasse d'une heure le temps qui s'est écoulé depuis minuit jusqu'au lever du soleil; ainsi $12-x-y=1+x$. On tire de ces deux équations $x=7$ et $y=-3$. D'où l'on conclut que le soleil se lève à 7 heures; mais comme $x+y=7-3=4$ heures, et qu'à 4 heures on ne peut pas encore dire qu'il s'est écoulé quelque temps depuis le lever du soleil, qui a lieu à 7 heures, on changera comme suit:

Énoncé rectifié. — D'ici au lever du soleil, il s'écoulera un nombre d'heures tel que le temps qui reste encore à s'écouler jusqu'à midi est double de celui qui s'est déjà écoulé depuis minuit, et surpasse d'une heure le temps compris entre minuit et le lever du soleil : on demande quelle heure il est, et l'heure à laquelle le soleil se lève.

Réponse. Il est 4 heures, et le soleil se lève à 7 heures.

8. Soient x le bien de Pierre, et y celui de Paul. Si Pierre recevait 1000 francs, il aurait $x+1000$, et si Paul en recevait 2000, il aurait $y+2000$: alors Pierre aurait 12 fois autant que Paul; d'où $x+1000=12(y+2000)$.

Mais si Pierre et Paul recevaient chacun 4000 francs, le premier aurait 5 fois autant que le second, ainsi : $x+4000=5(y+4000)$. On tire de ces équations : $x=11000$ et $y=-1000$. Donc l'avoir de Paul est une dette.

Énoncé rectifié. — Quel est l'avoir de Pierre et la dette de Paul, sachant que si Pierre recevait 1000 francs et Paul 2000, les biens de Pierre vaudraient 12 fois ceux de Paul; tandis que si Pierre et Paul recevaient 4000 francs, les biens du premier seraient 5 fois plus considérables que ceux du second?

Réponse. L'avoir de Pierre $=11000$ francs, et les dettes de Paul $=1000$ francs.

9. Soit x la quantité d'eau que produit le second bassin en une heure; en 20 heures ce même tuyau produira $20x$; et comme le premier tuyau produit 4 mètres cubes en une heure, en 20 heures il en produira 80. Cependant le bassin ne contient que 60 mètres cubes, en sorte que l'on a $20x+80=60$, équation qui donne pour résultat $x=-1$, c'est-à-dire, qu'au lieu de concourir à remplir le bassin, le second tuyau lui fait perdre un mètre cube par heure.

Énoncé rectifié. — Un bassin contenant 60 mètres cubes d'eau a été rempli en 20 heures par un tuyau qui y faisait entrer 4 mètres cubes en une heure, tandis qu'un autre tuyau lui en faisait perdre une certaine quantité pendant le même temps : dites combien le second tuyau évacuait de mètres cubes en une heure?

Réponse. 1 mètre cube.

10. Soit x le bénéfice de la première personne; puisqu'elles ont à partager 10260, le bénéfice de la seconde sera $10260-x$; de plus la neuvième partie du gain de la première sera $\frac{1}{9}x$, le tiers du gain de la seconde sera $\frac{1}{3}(10260-x)$, et ces deux sommes réunies faisant 540 fr., on aura pour équation $\frac{1}{9}x+\frac{1}{3}(10260-x)=540$, d'où $x=12960$, somme plus forte que celle que l'on doit partager. En conséquence, la seconde personne aura -2700.

Énoncé rectifié. — Deux personnes ont à partager 10260 francs; mais l'une d'elles doit à l'autre une somme telle, que les parts étant faites, et la dette payée, la neuvième partie de ce que la première a reçu en tout *moins* le tiers de ce que la seconde lui a payé, donne 540 francs. Quelle somme la première personne a-t-elle reçue et combien lui a payé la seconde?

Réponse. La première a reçu 12960, et la seconde lui a payé 2700 francs.

Problèmes indéterminés.

N° 20.

1. Désignant par $5x+3$ le nombre qui, étant divisé par E, donne pour reste 3, et par $7y+4$, le nombre qui étant divisé par 7 donne pour reste 4; comme ces deux expressions représentent le même nombre, on a l'équation : $5x+3=7y+4$ ou $5x=7y+1$.

On en tire :

$x=y+\left(\frac{2y+1}{5}\right)$; puis faisant $\frac{2y+1}{5}=E$, on a $y=\frac{5E-1}{2}$; d'où $y=2E+\left(\frac{E-1}{2}\right)$; enfin, supposant $\frac{E-1}{2}=E'$ on a $E=2E'+1$.

Ainsi, en prenant E' =	1,	2,	3, etc.
on aura E =	3,	5,	7,
y =	7,	12,	17,
x =	10,	17,	24,
$5x+3$ =	53,	88,	123,
$7y+4$ =	53,	88,	123.

Résultats dont les deux premiers répondent seuls aux conditions du problème, puisque l'on demandait les nombres au-dessous de 100.

2. Soient x le nombre des rangées 3 à 3, et y celui des rangées 5 à 5 : $3x+1$ et $5y+2$ seront des expressions équivalentes du nombre des soldats; on aura donc :

$$3x+1=5y+2, \text{ ou } x=y+\frac{2y+1}{3};$$

Faisant ce dernier terme $\frac{2y+1}{3}=E$, on aura $y=E+\frac{E-1}{2}$; d'où l'on conclut que E est un nombre impair, et en lui donnant successivement pour valeurs :

E = 1.. 3.. 5.. 7.. 9..11..13,
On aura y = 1.. 4.. 7..10..13..16..19,
x = 2.. 7..12..17..22..27..32,
$3x+1$ = 7..22..37..52..67..82..97,
$5y+2$ = 7..22..37..52..67..82..97.

Il peut donc y avoir sept solutions différentes au-dessous de 100, ainsi que le veut l'énoncé de la question.

3. Soit x le premier nombre, $1591 - x$ sera le second; si l'on désigne par y le quotient du premier par 23, et par z le quotient du second par 34, on aura :

$$x = 23y, \text{ et } 1591 - x = 34z.$$

En ajoutant ensemble ces deux équations, on élimine l'inconnue x, et l'on obtient $23y + 34z = 1591$, d'où $y = 69 - z + \frac{4 - 11z}{23}$.

Faisant $\frac{4 - 11z}{23} = E$, on obtient $z = -2E + \frac{4 - E}{11}$; puis faisant encore $\frac{4 - E}{11} = E'$, on a $E = 4 - 11E'$.

Supposant alors	$E' =$	1..	2..	3,
on aura	$E =$	$-$ 7..	$-$18..	$-$29,
	$z =$	15..	38..	61,
	$y =$	47..	13..	$-$21,
	$x =$	1081..	299.	$-$483,
	et $1591 - x =$	510..	1292..	2074.

D'où il résulte qu'il n'y a que deux solutions positives et que les nombres demandés peuvent être 510 et 1081 ou 299 et 1292.

4. Soient x le nombre des pommes du premier panier, et y celui des pommes du second. D'après l'énoncé, on aura pour équation $3x = 5y + 7$.

D'où l'on tire $x = \frac{5y + 7}{3} = y + 2 + \frac{2y + 1}{3}$.

Faisant $\frac{2y + 1}{3} = E$, on obtient $y = E + \frac{E - 1}{2}$;

ce qui suppose E nombre impair; admettant donc les valeurs :

$$E = 1..3..5..7..9..11..13..15,$$
$$y = 1..4..7..10..13..16..19..22,$$
$$x = 4..9..14..19..24..29..34..39.$$

Dans cette question, on pourrait pousser les solutions à l'infini, en suivant toujours la même progression.

5. Soient x le nombre des moutons demandé, y son quotient par 15; z son quotient par 14, v son quotient par 13 et u son quotient par 11. On aura, d'après l'énoncé du problème :

$$x = 15y + 7 = 14z + 11 = 13v + 2 = 11u + 1.$$

Equations insuffisantes pour trouver la valeur de 5 inconnues. Eliminant donc successivement x, y et z, on obtient pour équation finale $u = \frac{13v + 1}{2} = v + \frac{2v + 1}{11}$.

Faisant alors $\frac{2v + 1}{11} = E$, on en tire $v = \frac{11E - 1}{2} = 5E + \frac{E - 1}{2}$.

Et comme x doit être un nombre entier, il s'ensuit que le second membre doit être aussi un nombre entier, ce qui suppose E nombre impair. Ainsi, en supposant :

$E = 1$, on aura $v = 5$, $u = 6$ et $x = 67$;
$E = 3$, on aura $v = 16$, $u = 19$ et $x = 210$; etc.

Il est inutile de continuer les suppositions plus loin, attendu que le nombre des moutons est au-dessous de 100. Ainsi ce nombre est 67. En effet, 67 divisé par 15 donne pour reste 7; divisé par 14, il donne pour reste 11; divisé par 13, il donne pour reste 2; et divisé par 11, il donne pour reste 1.

6. Soient x, y et z les trois parties demandées. On aura, d'après les conditions du problème :

$$x + y + z = 100; \text{ et } \frac{1}{2}x = \frac{1}{3}(y + z).$$

En éliminant x, on obtient $y + z = 60$, d'où $x = 40$.

La valeur de la plus forte quantité étant trouvée, il reste à déterminer celles des deux autres; et comme rien ne détermine la différence entre y et z, dont la somme égale 60, sinon que y doit être plus petit que x ou inférieur à 40, on aura successivement :

$y = 39, 38, 37, 36, 35, 34, 33, 32, 31$;
et $z = 21, 22, 23, 24, 25, 26, 27, 28, 29$.

Mais si l'on avait exigé que le tiers de y et celui de z fussent des nombres entiers, alors on n'aurait eu que celles des valeurs précédentes exactement divisibles par 3; savoir :

$y = 39, 36, 33$; $z = 21, 24, 27$.

7. Soient x le plus grand nombre et y le plus petit. On aura pour produit xy, pour différence $x-y$, et pour équation $\frac{2xy}{x-y} = 12$; d'où $xy = 12(x-y)$.

Il suit de là que xy est un multiple de 12, et que le nombre de fois 12 qu'il contient, est déterminé par la différence entre x et y. Appelant cette différence E, et faisant successivement $E = 1, 2, 3, 4, 5, 6, 7, 8, 9, 10, 11...$ on essaie les résultats qui donnent à x et à y des valeurs entières et positives. Ce sont :

$E = 1 \quad xy = 12, \quad x = 4, \quad$ et $y = 3$.
$E = 2 \quad xy = 24, \quad x = 6, \quad$ et $y = 4$.
$E = 6 \quad xy = 72, \quad x = 12, \quad$ et $y = 6$.
$E = 16 \quad xy = 192, \quad x = 24, \quad$ et $y = 8$.
$E = 27 \quad xy = 324, \quad x = 36, \quad$ et $y = 9$.
$E = 50 \quad xy = 600, \quad x = 60, \quad$ et $y = 10$.
$E = 121 \quad xy = 1452, \quad x = 132, \quad$ et $y = 11$.

8. Soient x le nombre des couronnes que portait chaque Muse, et y celui qu'avait chaque Grâce après le partage; puisqu'il y a 9 Muses et 3 Grâces, il s'ensuit qu'une Grâce a reçu ses couronnes de 3 Muses, où qu'une Muse n'a contribué que pour un tiers dans le don fait à chaque Grâce. Soit donc $\frac{1}{3}y$; en ôtant cette quantité du nombre primitif de couronnes, on obtient $x - \frac{1}{3}y$, et comme ce reste est encore d'une unité moindre que y, on a l'équation :

$$x - \frac{1}{3}y + 1 = y;$$

$$\text{d'où } x = \frac{1}{3}y - 1 = y - 1 + \frac{1}{3}y.$$

On en conclut que y est un multiple de 3. Ainsi en prenant successivement $y = 3, 6, 9, 12, 15, 18, 21, \ldots\ldots\ldots\ldots\ldots$
on trouve : $x = 3, 7, 11, 15, 19, 23, 27 \ldots\ldots\ldots\ldots\ldots$

9. Soit x le nombre demandé : le double sera $2x$; si l'on en retranche 1, le reste sera $2x-1$; doublant ce reste et ôtant 2, l'on aura $4x-4$; et si l'on divise ce résultat par 4, on aura $x-1$, que l'on dit être égal au nombre x diminué d'une unité.

On aura donc $x-1=x-1$, équation insoluble, et pour laquelle on peut, suivant l'énoncé de la question, supposer $x=1$, 2, 3, 4, 5, 6, 7, 8 et 9; c'est-à-dire que tous les nombres répondent aux conditions du problème.

10. Soient x le nombre des moutons demandé; y son quotient par 8; z son quotient par 7; v son quotient par 6; et u son quotient par 11. D'après les données on aura :

$$x=8y+5=7z+5=6v+5=11u.$$

Ces équations étant insuffisantes pour trouver la valeur de toutes les inconnues, il faut observer d'abord que x surpasse de 5 un multiple de 8, de 7 et de 6, ou un multiple de 168. Faisant donc ce multiple égal à $168E$, on aura $x-5=168E=11u-5$; d'où l'on tire $u=15E+\frac{3E+5}{11}$. Faisant alors $\frac{3E+5}{11}=E'$, on obtient $E=3E'-1+\frac{2E'-2}{3}$. Faisant ensuite $\frac{2E'-2}{3}=E''$, on aura $E'=E''+1+\frac{E''}{2}$; d'où l'on conclut que E'' est un nombre pair.

Supposant donc successivement :

$E''=0$, on aura $E'=1$, $F=2$, $u=31$ et $x=341$.
$E''=2$, on aura $E'=4$, $E=13$, $u=199$ et $x=2189$.

Or, comme le nombre des moutons est au-dessous de 400, il n'y a que la première solution qui convienne. Le berger avait donc 341 moutons, nombre divisible par 11 et dont le quotient par 8, par 7 et par 6, donne toujours 5 pour reste.

Exercices sur la résolution des équations du 1er degré au moyen des formules générales

N° 21.

1. $x=11$; $y=17$.
2. $x=7$; $y=9$.
3. $x=\frac{11}{4}$; $y=\frac{11}{3}$.
4. $x=62$; $y=46$; $z=34$.
5. $x=59$; $y=41$; $z=37$.
6. $x=13$; $y=5$; $z=2$.
7. $x=4\frac{1}{3}$; $y=18\frac{3}{4}$; $z=11\frac{4}{5}$.
8. $x=17$; $y=19$; $z=11$.
9. $x=18$; $y=15$; $z=16$.
10. $x=12$; $y=9$; $z=8$.

Exercices sur la détermination des puissances des quantités et sur l'extraction de la racine d'un degré quelconque d'un monome.

No 22.

1 a^9 ; b^{m+n} ; c^{2m} ; d^{n+4}.

2. c^{2m+n+1} ; a^{3n+4} ; d^{m-1}.

3. b^{n+1} ; $c^{n+4}d^n$; $a^m b^{2m-n}$.

4. a^4 ; $b^{\frac{17}{12}}$; $c^{\frac{mr+n^2}{n+r}}$.

5. bc^{2n-m} ; $a^{5m}b^{m+5n}$.

6. a^{m-n} ; b^m ; d^{2n-2}.

7. a^n ; a^2 ; a^{4n-4}.

8. ab^{1-2n} ; $c^{2m+2}d^{m+1}$.

9. $b^{\frac{4}{15}}$; $d^{\frac{mr-mn}{nr}}$; $a^{\frac{4m^2-49}{14m}}$.

10. $b^{\frac{1}{n}}d^{\frac{1}{n}}$; $a^{m+2}c^{3m-2n+2}$.

11. a^6 ; a^{3m}, a^{2m-4} ; a^{m^2-mn} ; a^{n^2-1}.

12. a^4b^{10} ; $a^{3m}b^{3n}$; $a^{8m}b^{8n}$; $a^{m^2n-mn+m-1}b^{mn^2-mn+n-1}$.

13. $\frac{a^4}{c^6}$; $\frac{a^{3m}}{c^{3n}}$; $\frac{a^{2n-4}}{c^{2m-4}}$; $\frac{a^{4n-2n^2}}{c^{4n-2n^2}}$.

14. b^3 ; d^m ; $a^{\frac{3}{7}}b^{\frac{2}{7}}$; $a^{\frac{n}{r}}b^{\frac{m}{r}}$.

15. b^{15} ; d^{2n} ; a^{3p-9} ; a^{m^2-nr}.

16. a^2 ; b^4 ; b ; $b^{\frac{m}{3}}$; $b^{\frac{n+4}{4}}$; d^{2m-2}.

17. a ; a^m ; a^2 ; $a^{\frac{5}{m}}$; $a^{\frac{r+1}{r}}$.

18. a^2b^3 ; a^4b^5 ; $a^{\frac{1}{n}}b^{\frac{1}{m}}$; $a^{\frac{2}{n}}b^{\frac{m}{2}}$.

19. $\frac{a^5}{b^4}$; $\frac{a^2}{b^3}$; $\frac{a^n}{b^9}$; $\frac{a^{\frac{2}{n}}}{c^{\frac{4}{n}}}$; $\frac{a^{\frac{2}{n}}}{b^{\frac{4}{n}}}$.

20. $\frac{1}{a}$; $\frac{1}{a^2b}$; $\frac{1}{ab^m}$; $\frac{a^2b^3}{a^nb}$.

Exercices sur la simplification des quantités radicales, la réduction de ces quantités sous un indice commun, leur addition, soustraction, multiplication, division, enfin sur le développement de leurs puissances.

N° 23.

1. $a\sqrt[3]{ac^2}$; $ac\sqrt[4]{ac^3}$; $abc\sqrt[5]{bc^2}$; $a^{\frac{1}{5}}\,b^{\frac{1}{2}}\,c^{\frac{2}{3}}$; $a^2 b^{\frac{n+1}{n}} c^{\frac{n-1}{n}}$.

2. $a\sqrt[2]{a^2+b^2}$; $a\sqrt[3]{1-2ab+3a^2}$; $b\sqrt[4]{b^2+3ab-6a^2}$.

3. $(a-b)\,a\sqrt{2}$; $bc\sqrt[3]{bc-2ac+2ab}$.

4. $\sqrt[6]{a^2b^3c^4}$; $\sqrt{ab^4}$.

5. $abc\sqrt{\frac{bc}{a}}$; $\dfrac{b\sqrt[3]{ab-c^2}}{a\sqrt[3]{ab-b^2}}$; $\dfrac{(a-b)\sqrt{3}}{(a+2)\sqrt{2}}$.

6. $\sqrt[6]{a^3b^3c^3}$ et $\sqrt[6]{a^2c^2d^2}$; $\sqrt[12]{a^6b^3c^3}$ et $\sqrt[12]{a^2b^4c^2}$.

7. $\sqrt[12]{a^9b^6c^3}$ et $\sqrt[12]{a^6b^9c^9}$; $\sqrt[18]{a^{21}b^{24}c^{27}}$ et $\sqrt[18]{a^{12}b^{10}c^8}$.

8. $\sqrt[mn]{a^{n2}b^n}$ et $\sqrt[mn]{b^{m^2}c^m}$; $\sqrt[mp]{a^{mp+p}b^{mp-p}}$ et $\sqrt[mp]{a^{mp-m}b^{mp+m}}$.

9. $\sqrt[6]{\frac{a^9}{b^{18}}}$ et $\sqrt[6]{\frac{a^8}{b^{16}}}$; $\sqrt[mn]{\frac{a^{(m+n)n}}{b^{(m-1)n}}}$ et $\sqrt[mn]{\frac{a^{(m-1)m}}{b^{(m+n)m}}}$.

10. $\sqrt[6]{(a-b)^3}$ et $\sqrt[6]{c^8}$; $\sqrt[12]{(a+b)^3}$ et $\sqrt[12]{(a-b)^2}$.

11. $(a+2b+3ac+4bc+5ab)\sqrt{2}$.

12. $(2ax+y^2+2az+yz)\sqrt{2a}$.

13. $(ad+c^2+2bd+ac+d^2)\sqrt{d}$.

14. $(ax+b+b^{n+1}+a^ny)\sqrt{bxy}$.

15. $bc(a+\sqrt{ac}+\sqrt[3]{ad}+\sqrt[6]{bc}$.

16. $\sqrt{a^2cd}$; $ab(\sqrt[3]{b^2}-\sqrt[3]{a})$.

17. $\sqrt[2]{ab^2c}(4a-2)$; $ab(3\sqrt[2]{ab}-\sqrt[4]{ab^3})$.

18. $(y-ax)\sqrt[3]{a^2-x^2}$.

19. $(2b-a)\sqrt[3]{a+2b}$.

20. $\sqrt[4]{64(a^6-b^6)}-\sqrt[2]{2a^3-4a^2+2a}$.

21. $\sqrt{ab}$; $\sqrt[3]{a^4}$ ou $a\sqrt[3]{a}$; $\sqrt[4]{16a^2b^2}$ ou $\sqrt[2]{4ab}$ ou $2\sqrt{ab}$.

22. $ab(a+b)$; $ab\sqrt{a^2-b^2}$.

23. $abc\sqrt[6]{abc}$; $\sqrt[12]{a^{11}b^7c^{11}}$.

24. $\sqrt[mn]{a^{r(m+n)}}$; $\sqrt[rs]{x^{ms+r}+y^{ns+r}}$.

25. $(a-\frac{1}{2}b)^2-\sqrt{\frac{1}{4}b^2-c}$.

26. $\sqrt{xy^4}$, $2b$.

27. $a\sqrt{b}-c-\sqrt{acd}$; $\sqrt{a}+\sqrt{x}$.

28. $c-\sqrt{c}$; $a^2-a\sqrt{bc}+bc$.

29. $2y$; $-\frac{1}{2}bc\sqrt[3]{\frac{b^2c}{d}}$.

30. $\sqrt[2n]{b^r}$; $8bc$.

31. $\sqrt[3]{a^4b^2}$ ou $a\sqrt[3]{ab^2}$; $\sqrt[4]{a^6b^{10}}$ ou $ab^2\sqrt[2]{ab}$.
$\sqrt[5]{a^{10}b^{14}}$ ou $a^2b^2\sqrt[5]{b^4}$; $\sqrt[2]{4a^2-12ab+9b^2}$.

32. $b\sqrt[3]{a^2c-ac^2}$; $x^2y^2\sqrt[2]{x^2-y^2}$; $a\sqrt[2]{a}$; $a+b$.

33. $abc\sqrt[2]{abc}$; $(a+2b)^2$; $ab^2c\sqrt[2]{d}$; $a^8b^6-2a^6b^8+3a^5b^5c$.

34. $ab^2\sqrt[3]{ax^2}$; $\sqrt[3]{a^{4m+4}b^{4n+8}}$.

Exercices sur l'extraction de la Racine carrée des Quantités algébriques polynomes.

N° 24.

1. $3x^2 - 2y^3$.
2. $a + b - c$.
3. $a^m - 2x_n + 1$.
4. $a - b - c$.
5. $5a^{n-1}b + b^{n-1}$.
6. $2a^2b - 3ab^2 + 4b^2c^3$.
7. $p^2 - 2p - 2$.
8. $a^m + x^n$.
9. $2a + 5b$.
10. $3x - 5y + 7z$.
11. $4a - 5b + 7c$.
12. $x^3 + 2x^2 + 3x + 4$.
13. $6b^2 - 5ab - 3c^2$.
14. $5abcd^3 - 3b^3cd^2 + d - 1$.
15. $\frac{2}{3}ax^2 - bxz + 2abz^2$.
16. $a^mb^n + 5ac^{m-2}b^{n-1} + \frac{3a}{b}$.

Exercices sur la Réduction des Équations du second degré à une seule inconnue.

N° 25.

1. ± 8.
2. $\sqrt{2} + \sqrt{3}$ ou $\sqrt{2} - \sqrt{3}$.
3. 3.
4. ± 7.
5. 10.
6. 31 ou -2.
7. 9.
8. 13 ou $2\frac{7}{60}$.
9. 10 ou $12\frac{1}{2}$.
10. 17 et $17\frac{7}{9}$.
11. ± 5.
12. 5 ou 3.
13. $\frac{1}{2}$ ou $\frac{1}{3}$.
14. 5 ou $-6\frac{1}{2}$.
15. 4 ou $12\frac{1}{2}$.
16. $-\frac{1}{6}$ ou $\frac{1}{12}$.
17. $15\frac{1}{2}$ et 11.
18. 9 ou $-7\frac{2}{5}$.
19. $77\frac{2}{3}$ ou 23.
20. 12.

Problèmes du second degré à une seule inconnue.

N° 26.

1. *Équation :* $11x^2 = 3971$, d'où $x = 209$ et 19.

2. *Équation :* $\left(\frac{1}{2}x\right)\left(\frac{1}{3}x\right)\left(\frac{1}{4}x\right) = x^2$, d'où $x = 24$.

3. *Équation :* $(x-1)^2 + 6x = 286$, d'où $x = 15$.

4. Soit x le nombre des jeunes gens; on aura pour la part de chacun, dans le premier cas $\frac{87,50}{x}$, et dans le second $\frac{87,50}{x-2}$; et comme cette dernière quantité surpasse la première de 5 fr., on aura pour équation : $5 + \frac{87,50}{x} = \frac{87,50}{x-2}$; d'où $x^2 - 2x = 35$, et l'on a pour valeurs de $x = +7$ et -5, parmi lesquelles la valeur positive résout le problème. Ainsi les jeunes gens étaient au nombre de 7.

5. Soit x l'âge du fils, celui de la mère sera $x + 20$; et le produit des deux âges, $x^2 + 20x$. On dit que ce produit surpasse la somme de 2500; ainsi $x^2 + 20x = 2x + 20 + 2500$; d'où l'on tire $x = 42$ et -60. En ne prenant que la valeur positive, on voit que le fils avait 42 ans, et la mère 62.

6. Soit x le nombre des élèves. La quote-part de chacun sera de $\frac{48}{x}$; mais si le nombre de ceux en état de payer est diminué de 16, la quote-part de chacun sera alors de $\frac{48}{x-16}$; ce qui augmente chaque portion de 0,10. Ainsi $\frac{48}{x} = \frac{48}{x-16} - 1,10$; qui donne $x^2 - 16x = 7680$, d'où $x = 96$. Il y avait 96 élèves.

7. Soit x la distance dont il faudrait reculer l'objet; la distance totale à laquelle il se trouvera alors sera $x + 0,5$, et puisque la lumière sera 10 fois plus faible, on aura la proportion $(0,5)^2 : (x+0,5)^2 = 1 : 10$; d'où l'on tire $x^2 + x = 2,25$, puis $x = 1,08$: de sorte qu'il faudra reculer l'objet d'un mètre 8 centimètres.

8. Soit x l'une de ces sommes; l'autre sera $1000 - x$; désignant par n le taux du bénéfice pour 100 par mois, $\frac{3nx}{100}$ sera le bénéfice de la première somme, et $\frac{2n(1000-x)}{100}$ sera le bénéfice de la seconde. Les sommes réunies aux bénéfices respectifs donnant pour résultats 990 francs, on aura les deux équations :

$$x + \frac{3nx}{100} = 990 \quad \text{et} \quad 1000 - x + \frac{2n(1000x)}{100} = 990.$$

Prenant les valeurs de n dans chacune d'elles, et les égalant ensuite, on obtient $\frac{100x - 1000}{2(1000-x)} = \frac{99000 - 100x}{3x}$.

Résolvant cette équation, l'on a $x^2 + 3950x = 1980000$ d'où $x = \pm 2425 - 1975 = 450$ ou -4400. La valeur 450 étant la seule qui convienne à la question, on trouve que l'un des marchands a mis 450 pendant 3 mois, et l'autre 550 pendant 2 mois.

9. Soit x le chiffre des dizaines, celui des unités sera représenté par $x^2 + 4$, et le nombre total vaudra $10x + x^2 + 4$. Mais si l'on renverse ce nombre, on aura $10x^2 + 40 + x$, ce qui surpasse de 6 le triple du nombre primitif. On aura donc

$$10x^2 + x + 40 = 6 + 3x^2 + 30x + 12.$$

Réduisant les termes semblables, on obtient $x = 1$. Le chiffre des dizaines étant 1, celui des unités sera 5, et le nombre demandé 15.

10. Les deux personnes étant nées la même année, soit x l'âge de la personne morte en 1828, $x + 1$ sera l'âge de celle qui est décédée en 1829, et le produit des deux âges sera $x^2 + x$, produit égal à 2970; d'où l'équation $x^2 + x = 2970$. On en tire $x = 54$ ans. Otant cet âge de 1828, on trouve 1774 pour l'année de la naissance des deux personnes.

11. *Équation* : $5x^2 = 4205$: d'où $x = 29$.

12. *Équation* : $\frac{3}{4}x^2 = 3464$; d'où $x = 68$ et 51.

13. *Équation* : $x^2 - \frac{49}{81}x^2 = 288$; d'où $x = 27$ et 21.

14. *Équation* : $\frac{1}{6}x^2 = 1014$; d'où $x = 78$.

15. Soit x le nombre des secondes ; puisque les espaces sont proportionnels aux carrés des temps, on aura la proportion $4{,}9045 : 132{,}5347 = 1 : x^2$, d'où $x^2 = \frac{132{,}5347}{4{,}9045}$; et $x = \pm 5{,}2$. Le corps emploierait donc 5 secondes et $\frac{2}{10}$ pour tomber de cette élévation.

16. Soix x le nombre de mètres achetés ; le prix d'un mètre dans la première hypothèse sera $\frac{60}{x}$; et dans la seconde $\frac{60}{x+3}$; or, ce second prix est inférieur d'un franc ; on a donc : $\frac{60}{x} = \frac{60}{x+3} + 1$; d'où $x^2 + 3x = 180$. On en tire $x = 12$ mètres.

17. Soit x le nombre de chevaux du premier marché ; $x + 15$ sera celui des chevaux du second. Le prix d'un cheval dans le premier cas sera $\frac{5625}{x}$; et dans le second, $\frac{8000}{x+15}$. Or, le premier prix surpasse le second de 25 francs ; on a donc l'équation $\frac{5625}{x} = \frac{8000}{x-15} + 25$; d'où l'on tire $x = 25$. Il y avait donc 25 chevaux dans le premier marché, et $25 + 15$ ou 40 chevaux dans le second.

18. *Équation* : $x(10 - x) + x^2 + (10 - x)^2 = 76$; d'où $x^2 - 10x + 100 = 76$; ce qui conduit à $x = 6$ ou -4. Ainsi les deux nombres positifs demandés sont 6 et 4.

19. *Équation* : $x^3 + 2000\,x = x^3 - 4320x$; d'où $x = 80$ ou -79.

20. *Équation* : $\frac{1000}{x} + \frac{1000}{x+2} = 225$; d'ou $x = 8$; et les deux nombres demandés sont 8 et 10.

21. Soit x l'âge actuel ; dans 13 ans, il sera $x + 13$; et il y a un an, il était $x - 1$; de sorte que $5\sqrt{x+13} = x - 1$; d'où $x = 36$ ou -9. L'âge demandé est donc 36 ans.

22. 364 francs payables dans 8 mois à x pour cent d'escompte, valent aujourd'hui $\frac{364 \times 100}{100 + \frac{8}{12}x}$; de même 462 francs payables dans 10 mois à x pour cent d'escompte valent aujourd'hui $\frac{462 \times 100}{100 + \frac{10}{12}x}$; et les deux sommes réunies valent 790 francs, on a pour équation $\frac{36400}{100 + \frac{8}{12}x} + \frac{46200}{100 + \frac{5}{6}x} = 790$; ce qui donne $158x^2 + 20652x = 129600$: d'où l'on tire $x = 6$. L'escompte est donc de 6 pour 100.

23. Soit x le nombre de jours de travail du premier ouvrier; son salaire journalier sera $\frac{48}{x}$; et comme le second ouvrier a travaillé 6 jours de moins, son salaire journalier sera $\frac{27}{x-6}$. Maintenant le salaire du premier ouvrier travaillant 6 jours de moins sera $\frac{48(x-6)}{x}$; et celui du second ouvrier travaillant tous les jours sera $\frac{27x}{x-6}$; et comme ces deux quantités sont égales, on a l'équation $\frac{48(x-6)}{x} = \frac{27x}{x-6}$; d'où $21x^2 - 576x + 1728 = 0$; d'où $x = 24$ jours. Ainsi le premier ouvrier a travaillé 24 jours et a gagné 2 francs par jour; tandis que le second n'a travaillé que 18 jours pendant lesquels il gagnait 1 franc 50 centimes.

24. Soit x le nombre de soldats formant le côté du premier carré; x^2 sera le nombre total du carré, et $x^2 + 124$ le nombre d'hommes à placer. En augmentant d'un homme chaque côté du carré, le nombre total d'hommes qu'il comprendra sera exprimé par $(x+1)^2$ et comme il manque alors 129 hommes, le nombre réel d'hommes est $(x+1)^2 - 129$. L'égalité de ces deux résultats donne l'équation $(x+1)^2 - 129 = x^2 + 124$; d'où l'on revient à une équation du premier degré $2x = 252$, ce qui donne $x = 126$ sur chaque côté, le carré complet en contient 15976, auxquels ajoutant les 124 hommes de reste, on obtient pour total

16000. De même, en mettant un homme de plus sur chaque côté, le carré de 127 égale 16129, qui surpasse de 129 le nombre total 16000 hommes.

25. Soit x le nombre des mètres vendus par le premier marchand; $x+3$ sera le nombre de mètres vendus par le second; et dans l'hypothèse où le second aurait vendu 3 mètres de moins et le premier 3 mètres de plus, on aurait au contraire pour le premier $x+3$ mètres, et pour le second, x mètres. Or le premier aurait reçu dans ce cas 24 francs, et le second, 12,50; ce qui établit pour prix de chaque mètre $\frac{24}{x+3}$ et $\frac{12{,}50}{x}$. Multipliant ces prix par les quantités qui ont été réellement vendues, on obtient pour le premier marchand $\frac{24x}{x+3}$, et pour le second $\frac{12{,}50(x+3)}{x}$; la réunion de ces deux quantités égalant 35 francs, on a pour équation :

$$\frac{24x}{x+3}+\frac{12{,}50(x+3)}{x}=35;\ \text{ce qui conduit à}\ x^2-20x=-75.$$

D'où l'on tire $x=15$ ou 5. En admettant 15 pour valeur de x, le prix du mètre sera d'un franc 33 centimes $\frac{1}{3}$, ce qui est peu probable; tandis qu'en admettant 5, on a alors 3 francs pour prix du mètre, et 15 francs pour prix des 5 mètres; d'après cette dernière supposition, le second marchand aurait vendu 8 mètres pour 2 fr. 50 centimes, ce qui donne pour somme 20 francs, et les deux recettes réunies égalent 15 + 20 ou 35 francs.

26. Soit $\frac{1}{x}$ la quotité demandée. La somme de 5600 francs diminuée du prélèvement 980 est réduite à 4620, et vaut au bout de la première année $4620+\frac{4620}{x}$ ou $4620\left(\frac{x+1}{x}\right)$. Faisant encore une fois le prélèvement, on diminue ce résultat de 980, et l'on obtient $4620\left(\frac{x+1}{x}\right)-980$, somme qui, au bout de la seconde année, augmente de $\frac{1}{x}$ du reste, et devient par conséquent $\frac{x+1}{x}\left(4620\left(\frac{x+1}{x}\right)-980\right)$. Or, au bout de ce temps, la somme de 5600 se trouve doublée; on a donc l'équation : $4620\left(\frac{x+1}{x}\right)^2-980\left(\frac{x+1}{x}\right)=11200$; dont le développement conduit à $7560x^2-8260x=4620$. On en tire $x=1\frac{1}{2}$, ou $\frac{11}{27}$. Ainsi l'augmentation demandée est de $1\frac{1}{2}$.

27. Soit x le plus petit des deux capitaux; $x+500$ sera le plus grand; et comme le premier rapporte 100 francs d'intérêts, et le second, 150 francs, le taux de l'intérêt de la première somme sera $\frac{100\times 100}{x}$; et celui de la seconde somme, $\frac{150\times 100}{x+500}$. Or l'intérêt de la seconde somme surpassant d'un pour cent celui de la première, on a pour équation :

$$\frac{100\times 100}{x}+1=\frac{150\times 100}{x+500};\ \text{on en tire } x^2-4500x-50000=0;$$

d'où $x=2250\pm 250$. Ainsi le premier capital pourra être de 2000 ou de 2500 francs; et le second sera de 2500 ou 3000 fr. Avec les capitaux de 2000 et 2500, les intérêts sont respectivement de 5 et 6 pour cent; tandis qu'avec les capitaux de 2500 et 3000 francs, les intérêts respectifs sont de 4 et de 5 pour cent.

28. Soit x le taux de l'escompte et n le montant de l'escompte pour chaque lettre de change. On aura pour l'escompte de 25 mois, $\frac{25}{12}x$; et pour celui de 4 mois, $\frac{4}{12}x$. Cet escompte pouvant être évalué en dehors ou en dedans, on aura, dans le premier cas, les proportions :

$$\frac{25}{12}x : 100 = n : 600 \quad \text{et} \quad \frac{4}{12}x : 100 = n : 2700.$$

Prenant les deux valeurs de n et les égalant entre elles, on arrive à l'équation :

$$\frac{600\times 25x}{1200}=\frac{270\times 04x}{1200}\ \text{ce qui est absurde.}$$

Dans le second cas, on a pour proportions :

$$\frac{25}{12}x : 100+\frac{25}{12}x = n : 600;\ \text{et}\ \frac{4}{12}x : 100+\frac{4}{12}x = n : 2700.$$

Prenant les deux valeurs de n, et les égalant entre elles, on a pour équation :

$$\frac{600 \times 25x}{1200+25x} = \frac{2700 \times 4x}{1200+4x}$$

ou $18000000\,x + 60000\,x^2 = 12960000\,x + 270000\,x^2$.

Cette équation peut être ramenée au premier degré en divisant tous les termes par x, et les divisant aussi par 10000, on a pour résultat $1800 + 6x = 1296 + 27\,x$; d'où $x = 24$. Le taux de l'escompte était donc de 24 pour cent; et le montant de l'escompte sur chaque billet était de 200 francs.

29. Soix x le nombre d'œufs que vend pour 20 centimes la paysanne A; celui que vend pour le même prix la paysanne B $= x + 1$: le prix d'un œuf de la première est $\frac{20}{x}$, et le prix d'un œuf de la seconde est $\frac{20}{x+1}$. Le nombre d'œufs de A égalant 234, le montant de leur vente sera $234\left(\frac{20}{x}\right)$; et le nombre d'œufs de B égalant 156, le montant de leur vente sera $156\left(\frac{20}{x+1}\right)$. Or ces deux sommes diffèrent d'un franc 50 centimes, on aura donc

$$\frac{234 \times 20}{x} = \frac{156 \times 20}{x+1} + 1{,}50.$$

On en tire $x^2 - 9{,}4x = 31{,}2$, d'où $x = 12$, et $x + 1 = 13$. Ainsi la paysanne A vend 12 œufs pour 20 centimes, et la paysanne B en a vendu 13 pour le même prix.

30. Soit x l'intérêt d'un franc pendant un an. Après la première année, les 820 francs auraient rapporté $820x$, ce qui, ajouté au capital, donne $820(1 + x)$; ôtant de ce résultat le premier paiement 441, il reste à payer

$$820\,(1 + x) - 441 = 379 + 820x.$$

Cette dernière somme vaut au bout de la deuxième année, $(379 + 820x)(x + 1)$, et si l'on paie 441, il ne reste rien; cela donne pour équation : $(379 + 820x)\,(1 + x) - 441 = 0$; d'où l'on tire $820x^2 + 1199x = 62$; équation qui conduit à $x = \frac{82}{1640} = \frac{1}{20}$.

Ainsi l'intérêt d'un franc est $\frac{1}{20}$ ou $\frac{5}{100}$, et le taux pour cent est 5.

31. Soit x l'intérêt annuel d'un franc; au bout d'un an la somme 1024 francs produira $1024x$, et vaudra, capital et intérêts: $1024(1+x)$. Au bout de la seconde année, cette dernière somme vaudra $1024(1+x)+x \times 1024(1+x)$ ou $1024(1+x)^2$. Or, on dit que ce résultat vaut 1156 francs; on a donc pour équation $1024(1+x)^2=1156$, d'où $(1+x)^2=\frac{1156}{1024}$. On en tire $x=\frac{1}{16}$, ce qui correspond à $6\frac{1}{4}$ pour cent.

32. Soit x la part de la première personne; $x+4$ sera celle de la seconde, et $30-2x-4$ ou $26-2x$ sera celle de la troisième. On dit que les carrés des trois parts égalent ensemble 332 francs, on a donc l'équation :

$$x^2+x^2+8x+16+676-104x+4x^2=332; \text{d'où } x^2-16x+60=0,$$

équation à laquelle il suffit d'ajouter 4 à chaque membre pour compléter le carré. On en tire $x=10$. La première ayant 10 francs, la seconde recevra 14 francs et la troisième n'aura que 6 francs.

33. Désignons par xyz le nombre proposé. D'après les conditions du problème, le chiffre des unités est triple de celui des centaines, d'où $z=3x$; de plus le chiffre des centaines égale la racine carrée de la somme des deux autres chiffres, de sorte que $x^2=\sqrt{y+z}$; enfin la somme des trois chiffres égale 12, ce qui donne $x+y+z=12$. Eliminant d'abord z, on a les deux équations $x=\sqrt{y+3x}$ et $4x+y=12$; puis élevant la première de ces deux équations au carré l'on obtient $x^2=y+3x$. Prenant les valeurs de y dans chaque équation pour les égaler entre elles, on obtient $x^2-7x+12=0$; d'où $x=3$, $z=9$, et $y=0$; de sorte que le nombre est 309.

34. Soit x le nombre des mesures récoltées la première année, alors qu'on en avait semé trois mesures; la quantité semée la seconde année sera $x+8$, d'après les conditions du problème, et la récolte surpassant de 105 mesures le sextuple de ce nombre, on l'exprimera par $6(x+8)+105$. Or, comme les récoltes ont été chaque année relatives aux semences employées, on aura la proportion $3 : x = x+8 : 6(x+8)+105$, d'où $x^2 - 10x = 459$. On en tire $x = 27$.

35. Soit x le nombre de mètres du drap le plus cher, $x+10$ sera la quantité de drap de l'autre qualité. $\frac{360}{x}$ sera le prix d'un mètre de la première qualité et $\frac{320}{x-10}$ sera celui d'un mètre de la seconde; et comme le premier prix surpasse le second de 4 francs, on aura l'équation $\frac{360}{x} = \frac{520}{x-10} + 4$, d'où l'on tire $x^2 = 900$, ou $x = 30$. On a donc acheté 30 mètres de la première qualité et 40 de la seconde.

36. Soit x la mise de B, celle de A sera $x+320$, et celle de C sera $3040 - x - 320 = 2720 - x$. La somme des trois mises égale $x + 3040$, et celle des bénéfices étant de 500 francs, les mises réunies aux bénéfices formeront un total de $3540 - x$. Maintenant, comme les mises sont proportionnelles tant aux bénéfices qu'aux mises réunies à ces bénéfices, on aura pour B, $x : x+3240 = 1080 : 3540 + x$, d'où l'on tire $x^2 + 2460x = 3283200$. La valeur de x est 960 francs. Par conséquent A a mis 1280 francs, B 960, et C 1760.

37. Soit x le chemin qu'a fait le voyageur B, au moment de la rencontre; $x+30$ sera le chemin parcouru par le voyageur A, et réciproquement ces deux quantités seront ce que chacun aurait encore à faire pour avoir parcouru entièrement la distance des deux endroits. Mais comme le voyageur A parcourrait ce reste x en 4 jours, et le voyageur B le reste $x+30$ en 9 jours, on peut exprimer leurs vitesses respectives ou le temps qu'ils mettent à faire un kilom., par $\frac{4}{x}$ et $\frac{9}{x+30}$; alors pour faire x kilom., le voyageur B aura mis $\frac{9x}{x+30}$; et pour faire $x+30$ kilom., le voyageur A aura mis $\frac{4(x+30)}{x}$. Ces deux temps étant égaux, l'on a pour équation : $\frac{9x}{x+30} = \frac{4(x+30)}{x}$; d'où $9x^2 = 4(x+30)^2$. Prenant immédiatement la racine carrée de chaque membre, l'on a $3x^2 = (x+30)$ d'où $x = 60$. Le chemin fait par B est donc de 60 kilom.; celui de A est de 90, et la distance des points de départ est 150 kilomètres.

38. Soit x le chemin qu'a fait le messager B au moment de la rencontre; $x+56$ sera le chemin parcouru par le messager A. D'après les données de la question, B aurait parcouru $x+56$ en 19 jours $\frac{1}{5}$ et A aurait parcouru x en 3 jours $\frac{1}{3}$; les vitesses respectives des deux messagers seraient donc $\frac{19\frac{1}{5}}{x+56}$ et $\frac{3\frac{1}{3}}{x}$, et le temps employé par les deux messagers serait exprimé par $\frac{10(x+56)}{3x}$ et $\frac{96x}{5(x+56)}$. Ces deux quantités étant égales, on en tire l'équation $50(x+56)^2 = 288x^2$, qui étant multipliée par 2 donne $100(x+56)^2 = 576x^2$. Extrayant la racine carrée de chaque membre, on obtient $10x + 560 = 24x$, d'où $x = 40$. Le chemin fait par le messager B est de 40 lieues, et celui du messager A est de $40 + 56 = 96$.

39. Soit x le numérateur de la fraction demandée, $x+4$ sera le dénominateur : et la fraction sera $\frac{x}{x+4}$, laquelle étant renversée devient $\frac{x+4}{x}$: or la somme de ces fractions égale $2\,\frac{16}{21}$; on aura donc pour équation $\frac{x}{x+4} + \frac{x+4}{x} = 2\,\frac{16}{21}$; on en tire $16x^2 + 64x = 336$; d'où $x = 3$ ou -7. Prenant la première de ces valeurs, la fraction demandée égale $\frac{3}{7}$.

40. Soit x le nombre effectif de soldats; $30(x+2000)$ sera le nombre de demi-kilog. de pain, et $\frac{30(+2000)}{x}$ sera la quantité de vivres revenant à chaque soldat pour toute la durée du siége. S'il y avait 1000 hommes de moins, et 10000 demi-kilog. de pain de plus on aurait alors pour la quantité de vivres revenant à chaque soldat $\frac{30(x+2000)+100000}{x-1000}$. Or, avec cette dernière quantité les vivres peuvent durer 160 jours, tandis qu'avec la première ils dureraient 200 jours en réduisant la ration de moitié, la ration journalière sera donc d'une part $\frac{30(x+2000)+1000}{160(x-1000)}$, et de l'autre $\frac{30(x+2000)}{200x}$; mais cette seconde ration n'est que la moitié de la première. On en tire donc $\frac{30(x+2000)+1000}{160(x-1000)} = \frac{230 \times (x+200)}{200x}$; d'où $9x^2 - 11000\,x = 48000000$; ce qui conduit à $x = 3000$ hommes.

Exercices sur la résolution des Équations du second degré à plusieurs inconnues.

N° 27.

1. $x = 6$ et $y = 7$.
2. $x = \frac{2}{3}$ et $y = \frac{2}{5}$.
3. $x = 8$ et $y = 9$.
4. $x = 10$ et $y = 14$.
5. $x = 24$ et $y = 15$.
6. $x = 13$ et $y = 12$.
7. $x = 2$, $y = 3$, $z = 4$.
ou $x = 1\frac{4}{5}$, $y = 3\frac{2}{5}$, $z = 3\frac{4}{5}$.
8. $x = 8$, et $y = 11$.
9. $x = 35$, et $y = 43$.
10. $x = 3$, et $y = 25$.
11. $x = 5$, et $y = 3$.
12. $x = 3$, $y = 5$ et $z = 4$.
13. $x = 18$, et $y = 35$.
14. $x = 9$, $y = 13\frac{1}{2}$
et $z = 17$.

15. L'élimination de y conduit à l'équation :

$$16x^4 - 192x^3 + 864x^2 - 1728x + 1296 = 0;$$

laquelle étant divisée par 16 dans tous ses termes, conduit à

$$x^4 - 12x^3 + 54x^2 - 108x + 81 = 0.$$

Extrayant la racine quatrième, l'on a $x = 3$, puis $y = 5$.

16. L'élimination de x conduit à l'équation :

$$y^4 - 44y^3 + 726y^2 - 5324y + 14641 = 0;$$

laquelle est la quatrième puissance de $y - 11 = 0$; d'où l'on tire $y = 11$; puis substituant cette valeur, on obtient $x = 9$.

17. L'élimination de y conduit à l'équation $2x^4 + 12x^2 = 270$; laquelle étant divisée par 2, donne $x^4 + 6x^2 = 135$, équation *bicarrée* qui conduit à $x^2 + 3 = 12$; d'où l'on tire $x = 3$. La valeur de y se trouve ensuite égale à 2.

18. En éliminant l'inconnue y, on obtient l'équation :

$$x^4 - \frac{7}{6}x^3 - 6x^2 + \frac{7}{6}x + 1 = 0.$$

Équation *réciproque*, qui conduit à $x = 3$. On trouve ensuite $y = \frac{7}{2}$.

19. L'élimination de y conduit à l'équation $-6x^4 + 78x^2 - 216 = 0$, laquelle divisée par -6, donc $x^4 - 13x^2 + 36 = 0$; équation *bicarrée*, qui conduit à $x^2 - \frac{13}{2} = \pm\frac{5}{2}$, d'où $x^2 = 9$ ou 4; $x = 3$ ou 2. En substituant ces valeurs, on obtient $y = 7$ ou 10.

20. Le développement des équations proposées donne pour la première, $x^2 - xy + 3x = 14$;
et pour la seconde $15x^2 - 16xy + 4y^2 - 25x + 10y = 0$.
Décomposant le premier membre de celle-ci en $3x - 2y - 5$ et $5x - 2y$ on a que $(3x - 2y - 5)(5x - 2y) = 0$. Supposant $3x - 2y - 5 = 0$, puis prenant la valeur de y dans cette équation ainsi que dans la première, et les égalant entre elles, on a pour équation finale $\frac{x^2 + 3x - 14}{x} = \frac{3x - 5}{x}$; d'où $x^2 - 11x = -28$.

On en tire $x = 7$ ou 4; et les valeurs correspondantes de y sont 8 ou $3\frac{1}{2}$. Si l'on eût pris le second facteur $5x - 2y$ pour l'égaler à zéro, l'on eût été conduit à des valeurs exprimées au moyen de quantités radicales, de sorte qu'il n'y a de valeurs réelles à x et y que celles que l'on déduit de la première supposition.

Problèmes du second degré à plusieurs inconnues.

N° 28.

1. *Équations* : $xy = 24$ et $(x + y)^2 - (x - y)^2 = 32y$.

Développant la seconde de ces équations, puis simplifiant le résultat, on obtient $4xy = 32y$; d'où $x = 8$; et comme $xy = 24$, $y = \frac{24}{8} = 3$. Les deux nombres sont par conséquent 8 et 3.

2. *Équations* $x^2 - y^2 = 10$ et $xy\left(xy - \frac{5}{4}\right) = 21$.

La seconde équation développée conduit à $x^2y^2 - \frac{5}{4}xy = 21$. Complétant le carré du premier membre, on obtient $\left(xy - \frac{5}{8}\right)^2 = 21 + \frac{25}{64}$, d'où $xy = \frac{21}{4}$. Elevant le double de ce résultat au carré et ajoutant $4x^2y^2 = \frac{441}{4}$ au carré $(x^2 - y^2)^2 = 100$, on obtient :

$$x^4 + 2x^2y^2 + y^4 = \frac{841}{4} \text{ d'où } x^2 + y^2 = \frac{29}{2}.$$

Alors connaissant la somme $\frac{29}{2}$ et la différence 10 des deux carrés x^2 et y^2, on trouve que le plus grand $= \frac{49}{4}$, et le plus petit $\frac{9}{4}$. Prenant la racine carrée de ces deux quantités, on trouve $x = \frac{7}{2}$ et $y = \frac{3}{2}$.

3. Soient x, y et z les trois parties demandées, leur somme $x + y + z = 14$ et le produit xy des deux premières égale pareillement 14; de plus $x^2 + y^2 + z^2 = 78$. Si l'on fait passer z^2 dans le second membre, et que l'on ajoute de part et d'autre $2xy = 28$, on aura l'équation $x^2 + 2xy + y^2 = 106 - z^2$; d'où $x + y = \sqrt{106 - z^2}$; mais $x + y = 14 - z$, de sorte que $14 - z = \sqrt{106 - z^2}$; on en déduit $z = 5$. Il reste alors à trouver x et y dont la somme $= 9$, et dont le produit égale 14. On trouvera pour ces deux nombres les valeurs 7 et 2 ; de sorte que 14 est partagé en trois parties qui sont 7, 2 et 5.

4. Soient x et y les deux nombres demandés, leur produit sera xy, et deux fois ce produit plus le produit de leurs carrés sera exprimé par $2xy + x^2y^2$, ce qui, d'après les conditions du problème, égale 255. En ajoutant l'unité à chacune de ces quantités, on obtient $x^2y^2 + 2xy + 1 = 256$; et la racine carrée de chaque membre donne $xy + 1 = 16$; d'où $xy = 15$. De plus le carré de la somme $x + y$ égale 4 fois la différence des carrés ; ainsi $(x + y)^2 = 4(x^2 - y^2)$; d'où l'on tire $3x^2 - 5y^2 = 30$. Prenant la valeur de x dans $xy = 15$, puis évaluant le triple du carré de cette valeur, on a $\frac{675}{y^2} - 5y^2 = 30$; d'où $y^4 + 6y^2 = 135$. Extrayant la valeur de $y^2 = 9$, puis celle de $y = 3$, on obtient ensuite pour $x = 5$. Les deux nombres sont donc 5 et 3.

5. Prenant pour inconnues les restes des soustractions proposées, on aura pour première équation $x^2 - y^2 = 63$, et pour seconde $(x + y)^2 - (x - y)^2 = 32$; le développement de cette dernière donne $xy = 8$. Elevant alors $x^2 - y^2$ au carré, et ajoutant à chaque membre $4x^2y^2 = 256$, on a pour résultat $x^4 + 2x^2y^2 + y^4 = 4225$, ou $x^2 + y^2 = 65$. On connaît maintenant la somme et la différence des quantités x^2 et y^2, on aura pour $x^2 = \frac{65+63}{2} = 64$, et pour $y^2 = \frac{65-63}{2} = 1$; d'où l'on déduit $x = 8$ et $y = 1$. Il faudra donc ôter ces nombres des quantités 12 et 4, et les restes 4 et 3 sont les quantités demandées.

6. Soient x et y les deux nombres demandés ; en ôtant 3 au premier pour les ajouter au second, ils deviennent $x - 3$ et $y + 3$, qui sont alors comme 7 à 6 ; on en tire l'équation $6x = 7y + 39$. De plus en ôtant 5 au second pour les ajouter au premier, ces nombres deviennent $x + 5$ et $y - 5$, dont le produit $xy + 5y - 5x = 113$. Prenant la valeur de x dans les deux équations, on obtient $\frac{7y-39}{6} = \frac{113-5y}{y-5}$; d'où $7y^2 + 34y = 873$. On en tire $y = 9$.

Substituant cette valeur dans l'équation $6x = 7y + 39$, on en déduit $x = 17$. Les deux nombres sont donc 17 et 9.

7. Si l'on désigne les deux multiplicandes par x et y, les produits de chacun d'eux par le multiplicateur de l'autre étant 64 et 36, on pourra représenter les multiplicateurs par $\frac{64}{y}$ et $\frac{36}{x}$; or en opérant les multiplications, les produits sont égaux; ainsi $\frac{64x}{y} = \frac{36y}{x}$ ou $64x^2 = 36y^2$. En extrayant la racine de chaque membre, on trouve $8x = 6y$; et comme la somme des multiplicandes $x + y = 28$, on trouve pour chacune des inconnues $x = 12$ et $y = 16$.

Les deux produits demandés sont donc 12×4 et 3×16.

8. Soient x le plus grand nombre et y le plus petit; si l'on représente leur somme $x + y$ par m et leur produit xy par n, on aura $x^2 + y^2 = m^2 - 2n$; or la somme des carrés jointe à la somme des deux nombres égale 222; ainsi $m^2 - 2n + m = 222$. D'un autre côté, la somme des deux nombres jointe à leur produit égale 142; ainsi $m + n = 142$. On tire de ces deux équations $m^2 + m = 506$, d'où $m = 22$ et $n = 120$. La question revient donc à celle-ci : *Trouvez deux nombres dont la somme soit* 22 *et dont le produit soit* 120.

$$x + y = 22 \text{ et } xy = 120; \text{ on en déduit } y^2 - 22y = -120;$$
$$\text{d'où } y = 11 \pm 1.$$

C'est-à-dire que y a pour valeurs 10 ou 12, et que les valeurs correspondantes de x sont pareillement 12 et 10.

9. Soient x et $16 - x$ les deux parties du premier nombre; y et $12 - y$, les deux parties du second; la différence des carrés $x^2 - y^2 = 57$, et la différence des carrés des deux autres parties $(16 - x)^2 - (12 - y)^2 = 0$. Développant cette dernière équation, on trouve $x^2 - y^2 - 32x + 24y + 103 = 0$. Substituant à $x^2 - y^2$ la valeur 57, on obtient $32x - 24y = 160$. d'où $4x - 3y = 20$. Cherchant ensuite dans $x^2 - y^2 = 57$, la valeur $x = \sqrt{y^2 + 57}$, et multipliant par 4 pour substituer le résultat dans la dernière équation, l'on obtient en élevant tout au carré, $16y^2 + 912 = 400 + 120y + 9y^2$; d'où $y = 8$. Alors $x = 11$ et le nombre 16 est partagé en $11 + 5$, tandis que 12 l'est en $8 + 4$.

10. Soient x et y les deux nombres demandés, leur produit xy sera égal à 32 et les quotients de leurs carrés respectifs, exprimés par $\frac{x^2}{y^2}$ et $\frac{y^2}{x^2}$ donneront pour somme $4\frac{1}{4}$.

Mais pour résoudre facilement ce problème, il faut, comme dans le précédent, recourir à des inconnues auxiliaires. Prenant donc pour inconnue la somme des carrés $x^2 + y^2$, le carré de cette somme sera $x^4 + 2x^2y^2 + y^4$. D'un autre côté l'équation $\frac{x^2}{y^2} + \frac{y^2}{x^2} = 4\frac{1}{4}$ donnant $x^4 + y^4 = \frac{17}{4}x^2y$, en ajoutant à chacun des deux membres $2x^2y^2$, on obtient $x^4 + 2x^2y^2 + y^4 = \frac{25}{4}x^2y^2$; puis prenant la racine carrée de chaque membre on obtient $x^2 + y^2 = \frac{5}{2}xy = 5 \times \frac{32}{2} = 80$. Mais la somme $x^2 + y^2$ égalant $(x + y)^2 - 2xy$, on en déduira que $x^2 + y^2$ ou $89 = (x + y)^2 - 64$, d'où $x + y = 12$. Connaissant la somme des deux nombres $= 12$, et leur produit $= 32$, on trouvera facilement alors que ces deux nombres sont 8 et 4.

11. *Équations* : $x + y = \frac{1}{2}(x^2 - y^2)$ et $x^2 + y^2 = 2xy + 5y - 3x$.

On tire de la première $x - y = 2$; et en transformant la seconde en $x^2 - 2xy + y^2 + 3x - 3y = 2y$, on peut décomposer le premier membre en $(x - y)(x - y + 3)$; ce qui donne l'équation $(x - y)(x - y + 3) = 2y$, ou $2(x - y + 3) = 2y$, ou $x = 2y - 3$. De cette dernière équation, et de celle que l'on a déduite de la première, on obtient $x = 5$ et $x = 7$. Les deux nombres sont donc 7 et 5.

12. *Équations* : $xy + x = 24$ et $x^2y = 72 + 2x$.

Multipliant la première équation par x, après avoir fait passer le terme x dans le second membre, on obtient $x^2y = 24x - x^2$, que l'on peut ensuite égaler au second membre de la seconde équation; ce qui donne $72 + 2x = 24x - x^2$, d'où $x^2 - 22x + 72 = 0$. On en tire $x = 18$. Puis substituant cette valeur dans la première équation, on a pour résultat $y = \frac{1}{2}$. Les deux nombres sont donc 18 et $\frac{1}{2}$.

13. *Équations* : $xy = 56$ et $x^2 - y^2 = 10x + 10y$.

Divisant les deux membres de la seconde équation par $x + y$, on obtient $x - y = 10$; puis combinant ce résultat avec la première équation, l'on obtient $x = 14$ et $y = 4$. Les deux nombres sont donc 14 et 4.

14. Soient x la quantité de mètres et y le prix d'un mètre. A un franc de plus par mètre, on devra payer $x(y + 1) = 56$; et en achetant un mètre de plus on paierait $(x + 1)\,y = 54$. En développant ces équations et les soustrayant l'une de l'autre, on obtient $x - y = 2$. Puis combinant celle-ci avec la première pour éliminer x, on obtient $y^2 + 3y = 54$, d'où $y = 6$; et $x = 8$. On a donc acheté 8 mètres à 6 francs.

15. Soient x le nombre de jours de travail, et y le gain journalier en décime; xy sera le gain total. Or ce gain est égal à la racine carrée de $540 + 12x$; donc $x^2y^2 = 540 + 12x$ (A). De plus, en gagnant 40 centimes de plus par jour, le gain journalier est $y + 4$, et le salaire total est $x(y + 4)$. Or, d'après les données du problème, ce salaire équivaut à 3 fr. 60, on a donc pour seconde équation : $x(y + 4) = 36$ ou $xy + 4x = 36$. Prenant la valeur de xy et l'élevant au carré, l'on obtient $x^2y^2 = 1296 - 288x + 16x^2 = 540 + 12x$ (A); d'où $16x^2 - 300x = -756$. Extrayant la valeur de x, on trouve pour résultat $x = 3$; puis cherchant y, on trouve pour valeur 8; de sorte que l'ouvrier a travaillé 3 jours en gagnant 80 centimes.

16. *Équations* : $xy = 72$ et $x^2 - y^2 = 17$.

Elevant $x^2 - y^2$ au carré, l'on obtient $x^4 - 2x^2y^2 + y^4 = 289$; élevant pareillement $2xy$ au carré, l'on a $4x^2y^2 = 20736$; ajoutant ces deux équations membre à membre, l'on obtient :

$$x^4 + 2x^2y^2 + y^4 = 21025;$$

puis extrayant la racine carrée de chaque membre, on trouve

$x^2 + y^2 = 145$; connaissant ainsi la somme 145 et la différence 17 des deux quantités x^2 et y^2, l'on aura la plus grande en prenant la moitié de la somme plus la moitié de la différence, d'où $x^2 = 81$, et $x = 9$; puis la plus petite en prenant la moitié de la somme moins la moitié de la différence, d'où $y^2 = 64$ et $y = 8$.

17. *Équations* : $x^2 + y^2 = 100$ et $xy(xy + 2) = 2400$.

La seconde équation développée conduit à $x^2y^2 + 2xy = 2400$, équation à laquelle il suffit d'ajouter l'unité dans chaque membre pour obtenir des carrés parfaits ; $x^2y^2 + 2xy + 1 = 2401$. Extrayant les racines, on a pour résultat $xy + 1 = 49$, d'où $xy = 48$. Ajoutant 2 fois ce résultat à l'équation $x^2 + y^2 = 100$, on obtient $x^2 + 2xy + y^2 = 196$, dont la racine est $x + y = 14$. Combinant ensuite cette dernière équation avec $xy = 48$, on obtient $x = 6$ et $y = 8$.

18. Soient x l'intérêt pour cent par mois; y le montant de l'escompte du premier billet; et z le montant de l'escompte du second. On aura, pour le premier billet, la proportion :

$$100 : 100 + 9x = y : 600;$$

et pour le second, la proportion $100 : 100 + 4x = z : 1250$.

D'où l'on tire : $y = \frac{60000}{100+9x}$, et $z = \frac{125000}{100+4x}$

Or ces deux quantités réunies font 1780 francs, on a donc pour équation : $\frac{60000}{100+9x} + \frac{1250000}{100+4x} = 1780$.

On en déduit : $6408\,x^2 + 94900\,x = 70000$; d'où $x = 0,7041$.

L'escompte par an est donc de $12 \times 0,7041$ ou $8\frac{449}{1000}$.

19. Soient x et y les nombres demandés; leur somme $x + y = 11$, et la somme des quotients de chacun d'eux divisé par le carré de l'autre ou $\frac{x}{y^2} + \frac{y}{x^2} = \frac{341}{900}$. On tire de cette dernière équation $x^3 + y^3 = \frac{341}{900}x^2y^2$, laquelle divisée par $x + y = 11$, donne pour résultat $x^2 - xy + y^2 = \frac{31}{900}x^2y^2$. Soustrayant celle-ci du carré $(x+y)^2=121$, on a pour reste : $3xy=121-\frac{31}{900}x^2y^2$. Cette équation conduit à $31x^2y^2-2700xy=108900$; d'où $xy=30$. Connaissant alors la somme 11 et le produit 30 des deux quantités x et y, on trouve facilement les valeurs 5 et 6.

20. Soient x et y les nombres proposés. Leur différence sera $x-y=3$, et la différence des quotients de chacun d'eux par le carré de l'autre, ou $\frac{x}{y^2}-\frac{y}{x^2}=\frac{657}{4900}$. On tire de cette dernière équation : $x^3-y^3=\frac{657}{4900}x^2y^2$. Divisant ce résultat par $x-y=3$, on a pour quotient $x^2+xy+y^2=\frac{219}{4900}x^2y^2$. Si l'on soustrait cette équation membre à membre du carré $(x-y)^2=9$, on aura pour reste $-3xy=9-\frac{219}{4900}x^2y^2$. On en déduit : $73x^2y^2-4900xy=14700$; d'où $xy=30$. Connaissant alors la différence 3 et le produit 70 des deux quantités x et y, il est facile de trouver les valeurs 10 et 7.

Problèmes sur les permutations et les combinaisons.

N° 29.

1. Le nombre des éléments (m) à arranger est ici de 10, et la classe des arrangements (n) est la 6ᵉ; de sorte que le nombre d'arrangements ou de permutations avec répétitions se trouve (d'après le § 000) par la formule $m^n=10^6=1000000$; et sans répétitions (d'après le § 000) par la formule $m(m-1)(m-2)(m-3)(m-4)(m-5)=10\times9\times8\times7\times6\times5=151200$. On pourrait donc faire en répétant les mêmes sortes de tulipes, 1000000 arrangements; et sans le répéter, on en fera 151200.

2. Cette question revient à chercher le nombre des combinaisons sans répétitions, de 20 éléments pris cinq à cinq; ce qui s'obtient par la formule :

$$\frac{m(m-1)(m-2)(m-3)(m-4)}{120}=\frac{20\times19\times18\times17\times16}{120}=15504$$

combinaisons.

3. Le nombre des personnes à arranger est ici de 18, et comme elles ne se répètent pas, les arrangements 9 à 9 répondent ici à la formule de la neuvième classe des permutations sans répétitions (Alg. pag. 190), $m(m-1)(m-2)(m-3)(m-4)(m-5)(m-6)(m-7)(m-8) = 18.17.16.15.14.13.12.11.10 = 17643225600$.

4. Dans cette question, on propose de trouver le nombre de permutations 12 à 12, de douze éléments sans les répéter; on fera usage de la formule relative à la 12e classe :

$$m(m-1)(m-2)(m-3)(m-4)\ldots\ldots\ldots(m-n+1)$$

ou $12 \times 11 \times 10 \times 9 \times 8 \times 7 \times 6 \times 5 \times 4 \times 3 \times 2 \times 1 = 479001600$.

5. Le nombre d'arrangements des 24 lettres prises une à une est de 24; celui des mêmes lettres prises deux à deux, sans les répéter, est de $m(m-1)$ ou 24×23; celui des arrangements des mêmes lettres prises trois à trois est de $m(m-1)(m-2)$ ou $24 \times 23 \times 22\ldots.$ enfin celui des arrangements 24 à 24 est de $24 \times 23 \times 22 \times 21 \times 20 \times 19 \times 18 \times 17 \times 16 \times 15 \times 14 \times 13 \times 12 \times 11 \times 10 \times 9 \times 8 \times 7 \times 6 \times 5 \times 4 \times 3 \times 2 \times 1$. En effectuant tous ces produits, et les ajoutant ensemble, on aura pour total des arrangements proposés, 1686553615927922354187744.

6. Dans cette question, il s'agit de trouver tous les arrangements sans répétitions, de 30 éléments pris 9 à 9. On fera usage de la formule $m(m-1)(m-2)\ldots.(m-n+1)$ dans laquelle $m = 30$ et $n = 9$; le résultat sera donc le produit de $30 \times 29 \times 28 \times 27 \times 26 \times 25 \times 24 \times 23 \times 22 = 5191778592000$.

7. Les arrangements proposés dans cette question sont des combinaisons sans répétitions, et se calculent par la formule Alg. page 196; mais il y a complication en ce que, des 32 cartes, il y en a 8 qui restent chaque fois à l'écart, et qui n'entrent pas dans les combinaisons. Cherchons d'abord de combien de manières les 8 cartes de l'écart peuvent se combiner dans un jeu de 32 cartes. On trouvera, par la formule précitée,

$$\frac{32.31.30.29.28.27.26.25}{1.2.3.4.5.6.7.8} = 10518300.$$

Or, chaque fois que ces 8 cartes seront écartées, les 24 autres pourront se combiner 12 à 12 un nombre de fois égal à

$$\frac{24.23.22.21.20.19.18.17.16.15.14.13}{1.2.3.4.5.6.7.8.9.10.11.12} = 2704156.$$

Multipliant donc ce résultat par le produit trouvé pour les combinaisons des 8 cartes écartées, on trouve pour le nombre de jeux différents que présente le jeu de piquet : 28'443'124'054'800.

8. Le nombre d'arrangements *différents* qui peuvent résulter en extrayant 3 à 3 les boules proposées, sera égal à celui des permutations avec répétition du nombre de boules différentes prises 3 à 3. En effet, ces boules prises une à une ne donneront que trois résultats différents, une boule noire (n), une blanche (b) et une jaune (j); en les prenant deux à deux, on pourra obtenir neuf arrangements différents : nn, nb, nj, bb, bn, bj, jj, jn, jb; et en les prenant trois à trois, on aura chacun des arrangements précédents augmenté d'une boule de l'une ou de l'autre des trois espèces, ce qui fait 3×9 ou 27 arrangements différents. De sorte qu'il importait peu au résultat, qu'il y eût plus de trois boules de chaque sorte, puisque l'on demandait le nombre d'arrangements *différents*, sans égard au nombre de fois que le même arrangement pouvait se présenter. Le résultat est donc 27.

9. 14 personnes peuvent se placer autour d'une table de 14.13.12.11.10.9.8.7.6.5.4.3.2.1 manières différentes, c'est-à-dire qu'elles peuvent former 87178291200 arrangements sans répétitions. Pour savoir combien il y a d'arrangements où trois mêmes personnes seront voisines, il faut d'abord les supposer comme ne formant à elles trois qu'un seul élément, ce qui réduira le nombre des personnes à 12, et le nombre d'arrangements de ces douze personnes à 12.11.10.9.8.7.6.5.4.3.2.1 ou 479001600. Mais les trois amis pouvant occuper successivement différentes places, et former entre eux 3.2.1 ou 6 arrangements différents, le nombre de cas où ils seraient voisins sera sextuple du précédent, c'est-à-dire égal à 2874009600. Ce nombre serait exactement celui des arrangements dans lesquels les trois amis seraient voisins, si les arrangements avaient lieu sur une ligne droite ; mais ces arrangements ayant lieu autour d'une table, il faut encore considérer les cas où deux des amis se trouvant à une extrémité de la ligne, le troisième se trouverait à l'autre, tellement qu'ils seraient encore voisins. Or ces cas peuvent se présenter 3.2.1 ou 6 fois indépendamment de l'arrangement des onze autres personnes, ou 6 fois le nombre d'arrangements possibles entre ces onze personnes, ce qui donne $6.11.10.9.8.7.6.5.4.3.2.1 = 239500800$. Réunissant ce nombre au résultat précédent, on trouvera 3112310400 arrangements où les trois amis seront voisins ; tandis qu'il y en aura $87178291200 - 3112310400 = 84065980800$ où ils ne le seront pas.

10. Le nombre de ternes ou d'arrangements de 3 numéros sans répétitions est égal au nombre des arrangements de la 3e classe des combinaisons sans répétitions, et se trouvera pour 60 éléments par le produit $\frac{60.59.58}{1.2.3} = 34220$.

Exercices sur l'Élévation des puissances par la méthode du binome.

N° 30.

1. $(58 \text{ ou } 50 + 8)^6 = 50^6 + 6.8.50^5 + 15.8^2.50^4 + 20.8^3.50^3$
$+ 15.8^4.50^2 + 6.8^5.50 + 8^6 = 38068692544.$

2. $(2b^2 + 5c^2)^5 = 32b^{10} + 400b^8c^2 + 2000b^6c^4 + 5000b^4c^6$
$+ 6250b^2cb^2 + 3125c^{10}.$

3. $(99 \text{ ou } 100 - 1)^9 = 100^9 - 9.100^8 + 36.100^7 - 84.100^6$
$+ 126.100^5 - 126.100^4 + 84.100^3 - 36.100^2$
$+ 9.100^1 = 913517247483640899.$

4. $(5a^3 - 4x^3)^7 = 78125a^{21} - 437500a^{18}x^3 + 1050000a^{15}x^6$
$- 1400000a^{12}x^9 + 1120000x^9x^{12} - 537600a^6x^{15}$
$+ 143360a^3x^{18} + 16384x^{21}.$

5. $(a+b-c)^4 = a^4 + 4a^3b - 4a^3c + 6a^2b^2 + 6a^2c^2 + 6b^2c^2$
$- 12a^2b - 12ab^2c + 12abc^2 + 4ab^3 - 4ac^3 - 4b^3c$
$- 4bc^3 + b^4 + c^4.$

6. $(b+c)^{12} = b^{12} + 12b^{11}c + 66b^{10}c^2 + 220b^9c^3 + 495b^8c^4$
$+ 792b^7c^5 + 924b^6c^6 + 792b^5c^7 + 495b^4c^8$
$+ 220b^3c^9 + 66b^2c^{10} + 12bc^{11} + c^{12}.$

7. $(d-a)^8 = d^8 - 8ad^7 + 28a^2d^6 - 56a^3d^5 + 70a^4d^4 - 56a^5d^3$
$+ 28a^6d^2 - 8a^7d + a^8.$

8. $(b-c+d)^6 = b^6 - 6b^5c + 6b^5d + 15b^4c^2 + 15b^4d^2 - 30b^4cd$
$- 20b^3c^3 + 20b^3d^3 + 60b^3c^2d - 60b^3cd^2 - 60b^2c^3d$
$- 60b^2cd^3 + 90b^2c^2d^2 + 15b^2c^4 + 15b^2d^4 + 60bc^2d^3$
$- 60bc^3d^2 - 30bcd^4 + 30bc^4d - 6bc^5 + 6bd^5 - 6cd^5$
$+ 15c^4d^2 + 15c^2d^4 - 20c^3d^3 + c^6 + d^6.$

9. $(111$ ou $100 + 10 + 1)^7 = 20761601529871.$

10. $(3a^2 + 2a - \frac{1}{2})^4 = 81a^8 + 216a^7 + 162a^6 - 12a^5 - 42\frac{1}{2}a^4$
$+ 2a^3 + 4\frac{1}{2}a^2 - a + \frac{1}{16}.$

11. $(9a - \frac{1}{2}b + \frac{1}{3}c)^3 = 729a^3 - 121\frac{1}{2}a^2b + 81a^2c - 7\frac{1}{2}abc + 6\frac{3}{4}ab^2$
$+ 3ac^2 + \frac{1}{6}b^2c - \frac{1}{9}bc^2 - \frac{1}{8}b^3 + \frac{1}{27}c^3.$

12. $(109$ ou $100 + 1)^5 = 15386239549.$

Problèmes sur les nombres figurés.

N° 31.

1. Pour trouver les nombres figurés du 12e ordre, on prend la formule (Alg. page. 208) $\frac{m}{1}\left(\frac{m+1}{2}\right)\left(\frac{m+2}{3}\right)\left(\frac{m+3}{4}\right)\ldots\ldots\ldots\left(\frac{m+n-1}{n}\right)$, dans laquelle on fait $n=12$; puis on donne à m toutes les valeurs des nombres naturels à commencer par l'unité. On trouve ainsi, pour la série des nombres figurés de l'ordre demandé : 1, 13, 91, 455, 1820, 6188, 18564 et 50388.

2. Pour trouver le rang d'un nombre donné dans un certain ordre, il faut remplacer dans la formule algéb. page 208, les inconnues par les valeurs données. Ainsi dans l'exemple proposé, le nombre 300 est m; et l'ordre triangulaire dans lequel il se trouve est le second, d'où $n = 2$; et la formule devient $\frac{m(m+1)}{1.2} = 300$. On en tire pour valeur positive $m = 25$; le nombre 300 est donc le 25ᵉ dans la série des nombres figurés du second ordre.

3. D'après le raisonnement n° 88, alg. page 210, on a pour trouver l'index ou le rang du nombre pyramidal 680, la formule $\frac{m(m+1)(m+2)}{1.2.3} = 680$ ou $m^3 + 3m^2 + 2m = 4080$. Comparant ce résultat au cube de $m + 1 = m^3 + 3m^2 + 3m + 1$, on trouve que $m^3 < 4080$, et $(m+1)^3 > 4080$. Or comme m est un nombre entier, il suffira de chercher le plus grand cube contenu dans 4080, et la racine donnera la valeur de m. Le plus grand cube est 3375 dont la racine est 15. L'index du nombre proposé est donc 15.

4. Dans ce problème, il s'agit de trouver le nombre des carrés des nombres naturels, dont la somme égale 89440. Soit donc $1.2.3.4.5\ldots\ldots n$, la suite des nombres dont les carrés sont $1, 4, 9, 16, 25, \ldots n^2$. La somme de ces carrés sera $S = 1 + 4 + 9 + 16 + 25 + \ldots . n^2$.

La somme des carrés d'un nombre de termes moindre d'une unité sera $S' = 1 + 4 + 9 + 16 + 25 + \ldots (n-1)^2$.

Soustrayant cette somme de la première, on trouve $S - S' = n^2$.

Supposons maintenant $S = an^3 + bn^2 + cn + d$ (A).

Les valeurs a, b, c, d étant indépendantes de celles de n, on aura pour $S' = a(n-1)^3 + b(n-1)^2 + c(n-1) + d$.

Soustrayant ce résultat de la valeur de S, on trouve :

$$S - S' = 3an^2 - 3an + 2bn + a - b + c = n^2,$$

ou $$3an^2 - n^2 - 3an + 2bn + a - b + c = o,$$

ou $$n^2(3a - 1) + n(2b - 3a) + (a - b + c) = o.$$

Les valeurs de a, b, c, d, étant indépendantes de celles de n, on pourra faire chacun de ces coefficients $= o$, ce qui donne

$(3a-1)=o$, d'où $a=\frac{1}{3}$; $(2b-3a)=o$, d'où $b=\frac{1}{2}$; et $(a-b+c)=o$, d'où $c=\frac{1}{6}$.

Substituant ces valeurs dans l'équation (A), on obtient

$$S=\frac{1}{3}n^3+\frac{1}{2}n^2+\frac{1}{6}n+d.$$

Si l'on veut essayer la valeur de S, on pourra supposer $n=1$, et comme alors $S=1$, $\frac{1}{3}n^3+\frac{1}{2}n^2+\frac{1}{6}n=1$, et $d=o$. Si l'on suppose $n=2$, alors $S=5$, et $\frac{1}{3}n^3+\frac{1}{2}n^2+\frac{1}{6}n=5$; d'où encore $d=o$; de sorte que la valeur de d est toujours o; et celle de

$$S=\frac{n^3}{3}+\frac{n^2}{2}+\frac{n}{6}=\frac{n^2(n+1)(n+1)}{1.2.3}.$$

Faisant l'application de cette formule au problème proposé, on a

$$\frac{1}{3}n^3+\frac{1}{2}n^2+\frac{1}{6}n=89440,$$

$$\text{ou } n^3+\frac{3}{2}n^2+\frac{1}{2}n^2=3\times 89440=268320.$$

Comme ce résultat est plus petit que $(n+1)^3$, on cherchera le plus grand cube contenu dans 268320, lequel est 262144, dont la racine 64 donne la valeur de n; et en la vérifiant on trouve en effet que $n^3+\frac{3}{2}n^2+\frac{1}{2}n=268320$. Cette pyramide était donc composée de 64 couches.

On peut encore arriver à déterminer la formule de la somme des carrés des nombres naturels, de la manière suivante :

En décomposant la série des carrés

1 en 1,
4 en 1 + 1 . 3,
9 en 1 + 2 . 3 + 1 . 2,
16 en 1 + 3 . 3 + 3 . 2,
25 en 1 + 4 . 3 + 6 . 2,
36 en 1 + 5 . 3 + 10 . 2,
49 en 1 + 6 . 3 + 15 . 2, etc.

On voit que chaque carré se compose de l'unité plus un certain nombre de fois 3, plus un certain nombre de fois 2; que les coefficients de 3 forment la série des nombres naturels et que les coefficients de 2 forment la suite des nombres triangulaires. Si donc on réunit une suite de n carrés, on aura pour somme, l'unité répétée autant de fois n qu'il y a de carrés, plus le nombre 3 répété autant de fois que la somme des nombres naturels jusqu'à $n-1$, plus le nombre 2 répété autant de fois que la somme des nombres triangulaires jusqu'à celui du rang $n-2$; ou autrement

$$S = n + \frac{3(n-1)n}{1 \cdot 2} + \frac{2(n-2)(n-1)n}{1 \cdot 2 \cdot 3} = \frac{2n^3+3n+n}{6} = \frac{n(n+1)(2n+1)}{1 \cdot 2 \cdot 3}.$$

5. Les tranches de cette pile sont des rectangles; en partant du sommet vers la base, la première tranche contient une rangée de boulets seulement, qui, d'après le problème, $=10$; la seconde tranche contient 2 rangées de boulets, ayant chacune un boulet de plus ou $2(10+1)=22$, la troisième en contient 3 rangées ayant encore chacune un boulet de plus ou $3(10+2)=36$, et ainsi successivement, de telle sorte que la n^{me} rangée, lorsque la première a m boulets, en contient $n(m+n-1)=mn+n^2-n$.

En donnant successivement à n les valeurs 1, 2 3, 4, 5.....

on a pour la 1re tranche $m+1^2-1$,

2e $2m+2^2-2$,

3e $3m+3^2-3$,

4e $4m+4^2-4$,

5e $5m+5^2-5$,

....

ne $mn+n^2-n$.

La somme des tranches sera donc $m(1+2+3+4+\ldots n)$ $+(1^2+2^2+3^2+4^2+5^2+\ldots n^2)-(1+2+3+4+5\ldots n)$. Et comme, dans le problème 346, la somme des carrés d'une suite n de nombres naturels $= \frac{n(n+1)(2n+1)}{1 \cdot 2 \cdot 3}$, si l'on substitue cette valeur dans la formule précédente, ainsi que celle de la somme $(1+2+3+4+5+\ldots n)$, on aura :

$$S = m\frac{(n+1)n}{2} + \frac{n(n+1)(2n+1)}{1 \cdot 2 \cdot 3} - \frac{(n+1)n}{2}$$

$$\text{ou} \quad S = \frac{n(n+1)}{2}\left(m + \frac{2n+1}{3} - 1\right) = \frac{n(n+1)(3m+2n-2)}{1 \cdot 2 \cdot 3}.$$

Faisant application de cette formule au cas proposé, dans lequel $m = 10$, et $n = 9$, on obtient $S = 690$, nombre des boulets demandés.

6. La pile à construire se compose de tranches carrées, dont la somme doit égaler 650. Faisant usage de la formule déduite problème 4, on aura $n^3 + \frac{3}{2}n^2 + \frac{1}{2}n = 680 \times 3 = 1950$; d'où n égale la racine du plus grand cube contenu dans $1950 = \sqrt[3]{1728} = 12$. On mettra donc 12 boulets sur chaque côté.

7. Il faut faire ici l'application de la formule trouvée pour la somme des carrés des nombres naturels, $S = \frac{n(n+1)(2n+1)}{1 . 2 . 3}$ (problème 4); et faisant $n = 20$, on aura $S = \frac{1}{6}(20 \times 21 \times 41) = 2870$.

8. En décomposant la série des cubes des nombres naturels de la manière suivante :

$1 \ldots . 8 \ldots \ldots . . 27 \ldots \ldots . 64 \ldots \ldots . . 125 \ldots \ldots . 216,$

$1, \quad 2 + 1.6, \quad 3 + 4.6, \quad 4 + 10.6, \quad 5 + 20.6, \quad 6 + 35.6,$

on trouve que, sauf le premier terme, chaque cube est égal à sa racine plus un multiple de 6 dont le coefficient forme successivement la série des nombres pyramidaux, 1, 4, 10, 20, 35..... La somme des cubes de n nombres à partir de l'unité sera donc égale à $(1 + 2 + 3 + 4 + 5 + 6 + \ldots . . n) + 6$ fois la somme des nombres pyramidaux de l'index $n - 1$; ce qui est égal à $\frac{(n+1)n}{2} + \frac{6(n-1)(n)(n+1)(n+2)}{1 . 2 . 3 . 4} = \frac{n^4 + 2n^3 + n^2}{4}$; ce qui équivaut au carré de la moitié de $n(n+1)$.

Appliquant cette formule au cas proposé, l'on a $n = 10$, $\frac{1}{2}n(n+1) = 55$, et le carré de $55 = 3025$, nombre égal à la somme des cubes des dix premiers nombres.

9. Pour calculer le nombre d'œufs contenus dans une pile à base triangulaire, composée de 16 tranches, il faut prendre la formule du nombre figuré du 16ᵉ rang du 3ᵉ ordre $= \frac{n(n+1)(n+2)}{1 . 2 . 3}$; faisant $n = 16$, on trouve $S = 816$. Il y avait donc 816 œufs, à raison de 30 centimes la douzaine, ce qui donne $\frac{816}{12} \times 0,30 = 20$ francs 40 centimes.

10. Soit n le plus petit des trois nombres proposés; $n+1$ et $n+2$ seront les deux autres; le nombre triangulaire correspondant à n sera $\frac{n(n+1)}{1 . 2}$ et le nombre triangulaire correspondant à $n+2$ sera $\frac{(n+2)(n+3)}{1 . 2 .}$. Leur produit sera :

$$\frac{n(n+1)(n+2)(n+3)}{1 . 2 . 1 . 2} = \frac{n^4 + 6n^3 + 11n^2 + 6n}{4}.$$

et comme ce produit égale 420, on aura $n^4 + 6n^3 + 11n^2 + 6n = 420 \times 4$. En ajoutant l'unité à chaque nombre, puis extrayant la racine carrée, on obtient $n^2 + 3n + 1 = 41$; d'où $n^2 + 3n = 40$. Complétant le carré, et extrayant la racine, on arrive à la valeur $n = 5$. Les trois nombres sont par conséquent 5, 6 et 7.

11. Soient les trois nombres demandés $n - 1$, n et $n + 1$; les nombres triangulaires correspondants seront :

$$\frac{(n-1)n}{1 . 2}, \frac{n(n+1)}{1 . 2} \text{ et } \frac{(n+1)(n+2)}{1 . 2}; \text{ ou } \frac{n^2-n}{2}, \frac{n^2+n}{2}, \frac{n^2+3n+2}{2}.$$

D'après les conditions du problème, 4 fois le second plus 2 fois le carré du double du second, ajoutés au produit des deux autres, donnent pour somme 23011560. On aura donc l'équation :

$$n^4 + 2n^3 + 3n^2 + 2n + \frac{1}{4}(n^4 + 2n^3 - n^2 - 2n) = 23011560;$$

Opérant les réductions, $5n^4 + 10n^3 + 11n^2 + 6n = 92046240$;
Multipliant par 5, $25n^4 + 50n^3 + 55n^2 + 30n = 460231200$;
Ajoutant 9, $25n^4 + 50n^3 + 55n^2 + 30n + 9 = 460031209$;
Extrayant la racine carrée, $5n^2 + 5n + 3 = 21453$;
ou bien $n^2 + n = 4200$; d'où $n = 65$.
Les trois nombres sont 64, 65 et 66.

12. Le onzième nombre figuré du 11ᵉ ordre, s'obtient au moyen de la formule (Alg. page 208), en faisant $m=11$, et $n=11$, ce qui donne $\frac{11.12.13.14.15.16.17.18.19.20.21}{1.2.3.4.5.6.7.8.9.10.11}=352716$, nombre demandé.

13. Ce problème revient à trouver l'index ou le rang du nombre figuré 1820 dans le quatrième ordre. On a donc $\frac{m(m+1)(m+2)(m+3)}{1.2.3.4}=1820$; ou $m^4+6m^3+11m^2+6m=24\times1820=43680$. Ajoutant l'unité à chaque membre et extrayant la racine carrée, on obtient $m^2+3m+1=\sqrt{43681}=\pm209$. Prenant la valeur positive, et résolvant l'équation, on obtient $m+\frac{3}{2}=\pm\frac{29}{2}$; ce qui donne pour m la valeur 13. Le nombre 1820 est donc le 13e, et il y en a 12 avant lui.

14. La solution de ce problème se trouve dans l'application de la formule du 20e nombre pyramidal $=\frac{20.21.22}{1.2.3}=1540$.

15. La pile n'étant pas entière, on la complétera par la pensée, puis on calculera la pile additionnelle, et par une simple soustraction, on trouvera la pile demandée. Ainsi la tranche supérieure ayant 120 boulets, il faut chercher le rang de ce nombre pyramidal : on a, d'après la formule des nombres pyramidaux, $\frac{m(m+1)(m+2)}{1.2.3}=120$, d'où $m=8$. Ainsi cette tranche formait la huitième de la pyramide complète; et la somme des 7 tranches supérieures calculée par le nombre figuré correspondant du 4e ord. (Alg. p. 89), sera $\frac{m(m+1)(m+2)(m+3)}{1.2.3.4}=\frac{7.8.9.10}{1.2.3.4}=210$. La tranche inférieure ayant 17 boulets sur chaque côté fait connaître que la pile entière a 17 tranches et comprend $\frac{17.18.19.20}{1.2.3.4}=4845$ boulets. Otant les 210 boulets de la pile additionnelle, on trouve 4635 boulets pour la pile tronquée.

16. D'après la formule trouvée par la résolution du problème 5, le nombre des boulets contenus dans une pile rectangulaire oblongue égale $\frac{n(n+1)(3m+2n-2)}{6}$, résultat dans lequel m désigne le nombre de boulets formant l'arête ou la tranche supérieure de la pile, et n indique le nombre des tranches. Or sachant que la pile contient 7 rangées, le nombre des tranches égale aussi 7, de sorte qu'on aura, en substituant à n cette valeur, $28m+196=420$, d'où $m=8$; on mettra donc 8 boulets en long.

17. En décomposant les carrés de tous les nombres impairs en facteurs de 8, on trouve successivement :

Pour 1....9......25.......49.......81.....121....169,
.... 1, 1+1.8, 1+3.8,..1+6.8, 1+10.8, 1+15.8, 1+21.8;
résultats qui ont cela de particulier, que les coefficients de 8, savoir 1, 3, 6, 10, 15, 21, sont la suite des nombres figurés du second ordre. Considérant en outre qu'il y a 100 nombres impairs au-dessous de 200, si l'on décompose tous leurs carrés de la manière précitée, on aura pour somme $100\times 1+8$ fois la somme des 99 premiers nombres triangulaires; et comme cette somme égale le 99e nombre pyramidal $=\frac{99.100.101}{1\;.\;2\;.\;3}$, on aura pour la somme des carrés demandés, 1333300. Pour résoudre ce problème d'une manière générale, on fera $100=n$, et la formule de la somme des carrés des nombres impairs au-dessous de $2n$ sera $n+8\frac{(n-1)n(n+1)}{1.2.3}=\frac{4n^3-n}{3}$.

18. Si l'on décompose la série des cubes des nombres impairs en facteurs de leur différences respectives, on aura :

$1=1,$
$27=1+1.26,$
$125=1+2.26+1.72,$
$343=1+3.26+3.72+1.48,$
$729=1+4.26+6.72+4.48,$
$1331=1+5.26+10.72+10.48,$
$2197=1+6.26+15.72+20.48,$ etc.

Désignant par n le nombre des cubes des nombres impairs au-dessous de $2n$, leur somme sera représentée par $n\times 1$ plus 26 fois la série des nombres naturels jusqu'à $n-1$, plus 72 fois la série des nombres triangulaires jusqu'au rang $n-2$, plus 48 fois la série des nombres pyramidaux jusqu'au rang $n-3$; ce qui donne $S = n \times 1 + 26\frac{(n-1)n}{1.2} + 72\frac{(n-2)(n-1)}{1.2.3} + 48\frac{(n.n-3)(n-2)(n-1)n.}{1.2.3.4}$ En opérant les réductions on trouve $S = 2n^4 - n^2$.

Appliquant cette formule au problème proposé, on aura $n = 10$ et $S = 2 \times 10000 - 100 = 19900$.

19. Soient les trois nombres proposés $n-1$, n et $n+1$; leurs nombre triangulaires correspondants seront :

$$\frac{(n-1)n}{1.2},\quad \frac{n(n+1)}{1.2} \text{ et } \frac{(n+1)(n+2)}{1\ .\ 2}.$$

Le produit du premier par le troisième sera $\frac{1}{4}(n^4 + 2n^3 - n^2 - 2n)$;

et trois fois le second égalera.................... $\frac{1}{4}(6n^2 + 6n)$.

La différence entre ces deux résultats sera $\frac{1}{4}(n^4 + 2n^3 - 7n^2 - 8n)$; or on dit que cette différence égale 546117. On a donc l'équation $n^4 + 2n^3 - 7n^2 - 8n = 4 \times 546117 = 2184468$; ajoutant 16 aux deux membres, et extrayant la racine, on obtient $n^2 + n - 4 = 1478$. Résolvant cette dernière équation, on a $n = 38$; d'où les nombres $n-1$, n et $n+1$ sont 37, 38 et 39.

20. L'évaluation du nombre de boulets contenus dans la pile tronquée se fait en calculant d'abord la pile entière. Puisque la tranche supérieure de la pile tronquée contient 7 rangées de 10 boulets, il s'ensuit que la partie qui manque à la pile se composait de 6 tranches, et puisqu'il y a encore 12 tranches à la pile tronquée, le nombre total des tranches était 18. De ce que les rangées de la 7e tranche sont encore de 10 boulets, comme les rangées augmentent d'un boulet par tranche, on en conclut que la rangée supérieure ou l'arête était de $10 - 7 + 1 = 4$. Connaissant ainsi l'arête ou la tranche supérieure et le nombre des tranches, on calculera la pile entière par la formule que nous avons donnée dans le problème 5 qui précède :

$$S = \frac{n(n+1)(3m + 2n - 2)}{6},$$

dans laquelle on fait d'abord $m = 4$ et $n = 18$; ce qui donne pour S le nombre 2622.

Faisant ensuite, pour la pile enlevée, $m=4$, et $n=6$, on aura $S'=154$. Ainsi la pile tronquée ou $S-S'=2622-154=2468$. Le poids de 2468 boulets de 8 kilogrammes $=19744$ kilogrammes; et le transport coûtant 40 centimes par kilogramme pour 100 kilomètres, coûtera 16 centimes pour 40 kilomètres, et par conséquent $0{,}16 \times 19744 = 3159$ francs 04 centimes.

NOTE

En observant attentivement la marche du calcul algébrique dans la résolution des équations, on voit que les résultats généraux auxquels on parvient ne sont autre chose que des produits symétriques des quantités connues du problème, lesquelles se combinent entre elles par voie d'addition, de soustraction, de multiplication ou de division, en sorte qu'une formule algébrique est moins un calcul de quantités que l'expression des combinaisons à exécuter avec les données du problème.

La théorie des *permutations* et des *combinaisons* joue un grand rôle dans la science du calcul : elle suffit souvent pour faire trouver, ou au moins pour faciliter la recherche des formules les plus compliquées; elle est la base du calcul des *probabilités*.

Si l'on a un nombre donné a de choses, par exemple deux ou plusieurs lettres, deux ou plusieurs chiffres à placer les uns auprès des autres, on peut les arranger entre eux de plusieurs manières différentes. Ainsi les deux lettres a et b, ou les deux nombres 1 et 2, peuvent s'arranger de deux manières différentes, savoir : *ab*, *ba*.. 12, 21... Le nombre des arrangements est donc 1×2. Si on prend une troisième lettre c, ou un troisième chiffre 3, on pourra lui faire occuper trois places différentes dans chacun des deux arrangements précédents : on pourra le mettre à la première place, *cab*; à la seconde, *acb*, ou à la troisième, *abc* : ce qui donnera en tout deux fois trois, ou six arrangements différents, savoir : *abc*... *acb*... *bac*... *cab*... *bca*... *cba*... $=1 \times 2 \times 3$.

Une quatrième lettre d, ou un quatrième chiffre 4, pourra occuper quatre places différentes dans chacun des six arrangements précédents : elle pourra être à la première place, à la seconde, à la troisième, ou à la quatrième; ce qui fera en tout vingt-quatre arrangements différents $=1 \times 2 \times 3 \times 4$.

On a donné à ces divers changements d'ordre le nom de *permutation*, du latin *permutare*, qui signifie changer : la théorie des permutations a donc pour objet de *déterminer tous les changements d'ordre qui peu-*

vent convenir à un nombre de choses données, en les plaçant successivement les unes à côté des autres.

L'étymologie du mot *combinaison* (*cum*, *bis*) indique que ce mot ne devrait se dire proprement que de l'assemblage de plusieurs choses prises deux à deux; mais on l'applique également à toutes les manières possibles de prendre un nombre de quantités données, une à une, deux à deux, trois à trois, quatre à quatre, et ainsi de suite dans quelque ordre que ce soit.

Il arrive souvent que dans le nombre des combinaisons on regarde comme étant les mêmes celles qui ne diffèrent que par la position des choses combinées; par exemple *ab* et *ba* sont comptés pour une seule combinaison, tandis qu'il y a deux changements d'ordre. Nous distinguons ces deux cas, en nous servant du mot *alternation*, pour indiquer les différentes positions des choses prises de toutes les manières possibles, et nous conservons le mot de *combinaison* pour désigner celles qui étant composées des mêmes quantités, sont censées faire le même produit.

Une seule quantité *a* n'admet ni permutation, ni alternation, ni combinaison.

Deux choses, *a*, *b*, admettent deux permutations, *ab*, *ba*,.. deux alternations deux à deux, *ab*.. *ba*, et une seule combinaison *ab*.

Trois choses *a*, *b*, *c*.... donnent d'abord six permutations; comme on l'a vu plus haut: prises deux à deux elles donnent trois combinaisons, savoir: *ab*, *ac*, *bc*; chacune de ces combinaisons donne deux alternations.

Quatre quantités *a*, *b*, *c*, *d*, donnent vingt-quatre permutations : si on les prend deux à deux, on a six combinaisons, savoir *ab*.... *ac*.... *ad*.... *bc*.... *bd*.... *cd*, et en tout douze alternations.

Cinq quantités, *a*, *b*, *c*, *d*, *f*, donnent cent vingt permutations, en les prenant deux à deux, elles donnent dix combinaisons, et vingt alternations.

Trois quantités *a*, *b*, *c*, prises trois à trois, forment une combinaison *abc*, tandis qu'elles forment six alternations.

Quatre quantités *a*, *b*, *c*, *d*, prises trois à trois, donneront quatre combinaisons, savoir: *abc*..... *abd*... *acd*... *bcd*.

Chacune de ces combinaisons donnera six alternations : il y aura donc en tout vingt-quatre alternations.

Cinq quantités *a*, *b*, *c*, *d*, *f*, prises trois à trois, donnent dix combinaisons, savoir: *abc*... *abd*... *abf*... *acd*... *acf*... *adf*... *bcd*... *bcf*... *bdf*... *cdf*.... chaque combinaison est susceptible de six alternations : il y aura donc en tout soixante alternations.

SOLUTIONS RAISONNÉES

DEUXIÈME PARTIE

DÉVELOPPEMENTS SUR DIFFÉRENTS SUJETS D'ALGÈBRE

CHAPITRE I

§ I — Série de problèmes de composition.

1. *Trois fontaines remplissent un bassin en 6 heures. Si chacune d'elles coulait seule, la première remplirait le bassin dans les trois quarts du temps employé par la seconde seule, et la troisième emploierait 10 heures de plus que la première : combien de temps chaque fontaine emploiera-t-elle pour remplir à elle seule le bassin ?*

Solution raisonnée. — Soit x le temps employé par la seconde fontaine seule ; $\frac{3}{4}x$ sera le temps employé par la première coulant seule, et $\frac{3}{4}x+10$ sera celui employé par la troisième seule. Prenant la capacité du bassin pour unité, la seconde fontaine emplira en une heure $\frac{1}{x}$ du bassin ; et en 6 heures, $\frac{6}{x}$; la première emplira $\frac{1}{\frac{3}{4}x}$ en une heure, et $\frac{6}{\frac{3}{4}x}$ en 6 heures ; et la troisième emplira $\frac{1}{\frac{3}{4}x+10}$ en une heure, et $\frac{6}{\frac{3}{4}x+10}$ en 6 heures. Ces trois quantités formant la capacité du bassin, on a l'équation $\frac{6}{x}+\frac{6}{\frac{3}{4}x}+\frac{6}{\frac{3}{4}x+10}=1$; ou $3x^2-26x=560$.

On en tire la valeur $x = \frac{13}{3} \pm \frac{43}{3} = -\frac{30}{3}$ ou $+\frac{59}{3} = -10$ ou $18\frac{2}{3}$. Prenant la valeur positive, $\frac{3}{4}x = 14$, et $\frac{3}{4}x + 10 = 24$ heures. Les temps employés par les trois fontaines coulant seules, sont donc 14, $18\frac{2}{3}$ et 24 heures.

---

2. *Un voiturier chargé de transporter un baril plein de vin, en soustrait 4 litres qu'il remplace par autant de litres d'eau. Ayant répété cette manœuvre 12 fois, il se trouve que le baril ne contient plus que 54 litres de vin pur : on demande quelle était la capacité du baril.*

Solution raisonnée. — Soit x la capacité du baril. Si l'on en extrait 4 litres, le reste sera $x - 4$ litres de vin; et si l'on remplit ensuite le baril avec de l'eau, chaque litre du mélange contiendra $\frac{x-4}{x}$ de litre de vin. Extrayant 4 litres de ce mélange, le reste contient $\frac{(x-4)(x-4)}{x}$ litres de vin, et en y ajoutant 4 litres d'eau, chaque litre de ce second mélange contient $\frac{(x-4)^2}{x^2}$ litres de vin, et le reste, ou $x - 4$, contient $\frac{(x-4)^3}{x^2}$ litres de vin. Continuant de la même manière jusqu'à la douzième soustraction, on aura pour la quantité de vin restant dans le baril, $\frac{(x-4)^{12}}{x^{11}}$; or, cette quantité vaut 54 litres; on aura donc $\frac{(x-4)^{12}}{x^{11}} = 54$, ou 12 log. $(x-4)$ — 11 log. x = log. 54. Pour trouver la valeur de x, il faut considérer que l'extraction de 4 litres répétés 12 fois n'a point enlevé 48 litres de vin, et que s'il en reste 54, le baril ne devait contenir, vu la réduction progressive de la quantité de vin, qu'environ 90 litres. On cherchera donc dans la table de logarithmes celui du nombre 54 = 1,73239, et l'on formera un tableau de la différence entre 11 fois le logarithme des nombres voisins de 90, et 12 fois le logarithme des nombres inférieurs de 4 unités jusqu'à ce que cette différence égale log. 54; on obtient ainsi pour valeur de x, 92 litres.

---

3. *Une paysanne échange des chapons contre des poules, à raison de deux chapons pour trois poules; au bout d'un certain temps, ces poules ayant pondu chacune un nombre d'œufs égal à la moitié de celui des chapons, la paysanne les porte au marché, et vendant 3 œufs autant de centimes que chaque poule a pondu d'œufs, elle reçoit pour le tout 2 francs 16 centimes : dites combien elle a échangé de chapons.*

Solution raisonnée. — Soit x le nombre de chapons, celui des poules sera $\frac{3}{2}x$. Comme le nombre d'œufs pondu par chaque poule égale la moitié du nombre de chapons, chaque poule pond $\frac{1}{2}x$, et le nombre total d'œufs de toutes les poules est $\frac{1}{2}x \times \frac{3}{2}x = \frac{3}{4}x^2$. Maintenant le prix de trois œufs étant égal à autant de centimes que chaque poule a pondu d'œufs, on aura pour prix d'un œuf $\frac{1}{6}x$, et pour prix de tous les œufs $\frac{3}{4}x^2 \times \frac{1}{6}x = \frac{1}{8}x^3$; et puisque la paysanne a reçu 2 francs 16 cent., on aura l'équation $\frac{1}{8}x^3 = 2{,}16$, où $\frac{1}{2}x = \sqrt[3]{216} = 6$; d'où $x = 12$. Il y avait donc 12 chapons et 18 poules.

---

4. *Un observateur placé à une certaine distance d'un édifice propre à produire un écho, a remarqué un chasseur entre lui et cet édifice. Le chasseur fait feu, et il s'écoule 3 secondes entre cet instant et celui où il entend l'explosion; quatre secondes plus tard, il entend le coup une seconde fois : dites à quelle distance de l'observateur se trouvent le chasseur et l'édifice.*

Solution raisonnée. — Le son parcourant 340 mètres par seconde, on voit que la distance du chasseur à l'observateur est de 3×340 mètres. Mais tandis que le son se dirige vers l'observateur, il se rend aussi vers l'édifice produisant l'écho avec la même vitesse; et comme la répétition n'est arrivée à l'oreille de l'observateur que 4 secondes après le premier coup, le son a été $4 + 3$ ou 7 secondes en route, et il a parcouru conséquemment 7×340 ou 2380 mètres. Soustrayant de ce résultat les 1020 mètres de distance entre l'observateur et le chasseur, il reste 1360 mètres pour le chemin parcouru par le son, depuis le chasseur jusqu'à l'édifice et pour le retour. Divisant ce reste par 2, on trouve que la distance du chasseur à l'édifice est de 680 mètres. De sorte que l'observateur en est éloigné de 1020 + 680 ou 1700 mètres.

---

5. *On a une règle de la longueur de 8 décimètres et partagée en 8 parties égales; à chaque point de division, on suspend des poids d'un kilo, de deux kilos, de trois kilos et ainsi progressivement, tellement qu'il n'y a rien à l'une des extrémités, et qu'il se trouve un poids de huit kilos à l'autre : on demande à quelle distance il faut établir le point d'appui pour qu'il y ait équilibre.*

Solution raisonnée. — Soit A ———————————— B la règle à laquelle sont suspendus les poids de 1, 2, 3, 4, 5, 6, 7 et 8 kilos à la distance d'un décimètre chacun : et x le point d'appui servant à établir l'équilibre à partir du point A. Si nous cherchons le point d'appui faisant équilibre entre le poids d'un kilo et celui de 8 kilos, le premier poids étant à 1 décimètre, sera distant du point d'appui de $x-1$, et le second poids se trouvant en B, sera distant du point d'appui de $8-x$; et comme dans la condition d'équilibre, les longueurs des bras de levier sont en raison inverse des poids supportés, on aura la proportion $x-1 : 8-x = 8 : 1$; d'où $x = 7\frac{2}{9}$. C'est donc à 7 décimètres $\frac{2}{9}$ que sera le point d'appui soutenant les deux poids $1 + 8$ kilos.

Si l'on suspend alors le poids de 2 kilos à 2 décimètres du point A, le poids $(1+8)$ étant supposé suspendu à 7 décimètres $\frac{2}{9}$ du même point, on aura la proportion $x-2 : 7\frac{2}{9} - x = 9 : 2$; ce qui donne $x = 6\frac{3}{11}$.

Prenant ce point d'appui pour le point qui soutient les poids $(1+2+8)$, et suspendant le poids de 3 kilos à 3 décimètres du point A, on aura la proportion $x-3 : 6\frac{3}{11} - x = 11 : 3$; d'où $x = 5\frac{4}{7}$.

Prenant encore ce point d'appui pour le point qui soutient $(1+2+3+8)$ et suspendant le poids de 4 kilos à 4 décimètres du point A, on aura la proportion $x-4 : 5\frac{4}{7} - x = 14 : 4$; d'où $x = 5\frac{2}{9}$.

Continuant de la même manière, on trouve successivement

avec le poids de 5 kilos, $x = 5\frac{4}{25}$;

avec le poids de 6 kilos, $x = 5\frac{19}{29}$;

avec le poids de 7 kilos, $x = 6\frac{2}{3}$, ou 6,666.

Pour résoudre ce problème d'une manière générale, représentons les distances par a, b, c, d, e, f, g, h, et les poids par $a', b', c', d', e', f', g', h'$, on arrivera par le même raisonnement que plus haut, à la valeur suivante :

$$x = \frac{a^2+b^2+c^2+d^2+e^2+f^2+g^2+h^2}{a'+b'+c'+d'+e'+f'+g'+h'}.$$

---

6. *Le double d'un nombre diminué de 5 est au-dessous de 25; et le triple du même nombre diminué de 7, est plus grand que son double augmenté de 4 : quel est ce nombre?*

Solution raisonnée. — Soit x le nombre demandé. On aura d'après les conditions du problème : $2x-5<25$ et $3x-7>2x+4$. Simplifiant ces deux inégalités, en ajoutant 5 aux deux membres de la première, et en ôtant $2x-7$ aux deux membres de la seconde, on obtient $x<15$ et $x>11$. Le nombre demandé est donc entre 11 et 15, et peut être 12, 13 ou 14.

---

7. *Trouvez deux quantités dont la somme des carrés égale le produit de ces mêmes carrés.*

Solution raisonnée. — Soient x et y les deux nombres proposés. On aura l'équation $x^2+y^2=x^2y^2$, d'où $y^2(x^2-1)=x^2$. Le second membre étant un carré, ainsi que l'un des facteurs du premier membre, il s'ensuit que l'autre facteur $(x^2 - 1)$ est aussi un carré. Faisant donc $x^2 - 1 = (x - a)^2 = x^2 - 2ax + a^2$, on trouve $x = \frac{a^2 + 1}{2a}$, et substituant cette valeur dans la première équation, l'on a $y = \frac{a^2 + 1}{a^2 - 1}$. Maintenant si l'on veut déterminer les valeurs de x et de y d'après a, on fera successivement.

a	$= 1$ ...	2 ...	3 ...	4 ...	5 ...	6 ...	etc...
$a^2 + 1$	$= 2$ ...	5 ...	10 ...	17 ...	26 ...	37 ...	etc...
$2a$	$= 2$ ...	4 ...	6 ...	8 ...	10 ...	12 ...	etc...
$a^2 - 1$	$= 0$ ...	3 ...	8 ...	15 ...	24 ...	35 ...	etc...
x	$= 1$ ...	$1\frac{1}{4}$...	$1\frac{2}{3}$...	$2\frac{1}{8}$...	$2\frac{3}{5}$...	$3\frac{1}{12}$..	etc...
y	$= \frac{2}{0}$...	$1\frac{2}{3}$...	$1\frac{1}{4}$...	$1\frac{2}{15}$..	$2\frac{1}{12}$..	$1\frac{2}{35}$..	etc...

De sorte que ce problème offre une infinité de solutions suivant les valeurs que l'on donne à la quantité a.

---

8. *Deux individus transportent sur l'épaule à l'aide d'une perche cylindrique du poids de 15 kilogrammes et de la longueur de 8 mètres, deux fardeaux, l'un de 40 kilogrammes placé à 3 mètres du premier individu, et l'autre de 35 kilogrammes placé à 4 mètres du second : quel est le poids supporté par chacun d'eux, en y comprenant celui de la perche?*

Solution raisonnée. — Les poids supportés par les deux individus placés aux extrémités de la perche, sont le poids de la perche plus ceux des deux fardeaux, c'est-à-dire $15 + 40 + 35 = 90$ kilogrammes. D'abord le fardeau de 35 kilogrammes étant à 4 mètres de chacun des porteurs ou au milieu de la perche, ce poids joint à celui de la perche sera également supporté par l'un et l'autre, ce qui fait pour chacun $\frac{1}{2}(35 + 15) = 25$. Ensuite, le poids de 40 kilogrammes placé à 3 mètres de l'un et à 5 mètres de l'autre, sera supporté en raison inverse des distances aux points d'appui; ainsi l'on aura la proportion $3 : 5 = x : 40 - x$; d'où $x = 15$, de sorte que celui des porteurs qui est à 5 mètres de ce second fardeau supporte 15 kilogrammes de ce fardeau, et l'autre en supporte 25. Joignant ces résultats à la répartition du poids du fardeau commun, l'on trouve que le porteur placé à 3 mètres du premier fardeau, supporte en tout 50 kilogrammes, et que celui qui est placé à 4 mètres du second fardeau supporte en tout 40 kilogrammes.

---

9. *Quels sont les deux nombres dont la différence égale la racine carrée de leur somme, et tels que la somme de leurs carrés soit à la différence de ces mêmes carrés dans le rapport géométrique de 5 à 3?*

SOLUTION RAISONNÉE. — Soient les deux nombres demandés a et b, et x leur différence; leur somme sera, d'après les conditions du problème, égale à x^2; le plus grand vaudra $\frac{1}{2}(x^2+x)$ et le plus petit $\frac{1}{2}(x^2-x)$. Si l'on élève chacune de ces quantités au carré et qu'on en prenne ensuite la somme, puis la différence, on aura la proportion

$$\frac{1}{4}(x^2+x)^2+\frac{1}{4}(x^2-x)^2:\frac{1}{4}(x^2+x)^2-\frac{1}{4}(x^2-x^2)=5:3;$$

d'où l'on tire $6x^4+6x^2=20x^3$.

Divisant le tout par $2x^2$, on obtient $3x^2+3=10x$, ou $x^2+\frac{10}{3}x=-1$; équation qui conduit à $x=\frac{5}{3}\pm\frac{4}{5}=3$ ou $\frac{1}{3}$.

Prenant la première valeur, on trouvera $a=\frac{1}{2}(x^2+x)=6$, et $b=\frac{1}{2}(x^2-x)=3$. D'après la seconde valeur, $a=\frac{2}{9}$ et $b=-\frac{1}{9}$. Les deux nombres demandés sont donc 6 et 3.

---

10. *Combien faudra-t-il de temps pour vider une citerne dans laquelle l'eau se trouve à 6 mètres du fond, et à 2 mètres de l'ouverture par où l'on doit la vider? On emploie à cet effet un bouriquet auquel on fait faire par minute 5 tours en montant et 10 tours en descendant; et l'on sait : 1° qu'un tour de bouriquet fait monter ou descendre le seau de 12 décimètres; 2° que chaque seau d'eau pris dans la citerne fait baisser l'eau de 25 millimètres; et 3° qu'il faut une minute, tant pour remplir et vider le seau que pour le mettre en mouvement.*

Solution raisonnée. — On cherchera d'abord le nombre de mètres que parcourra le seau pour extraire la quantité d'eau demandée. Cette quantité diminuant de 0,025 à chaque seau enlevé, on peut déjà savoir combien de fois il faudra répéter l'opération pour épuiser l'eau complètement; ce nombre égale 6 mètres divisés par 0,025, = 240.

Si l'on suit maintenant l'opération, il faut, la première fois, descendre le seau à 2 mètres, et le remonter à une égale élévation; puis à chaque épuisement, l'eau baissant de 0,25, le chemin à parcourir par le seau augmente progressivement de cette quantité, tant pour monter que pour descendre, et le chemin total pour l'entier épuisement égale la double somme d'une progression arithmétique dont le premier terme est 2 mètres, la raison 0,025, et le nombre de termes 240. Appliquant les formules $z = a + (n - 1)r$, et $S = \frac{1}{2}(a + z)n$, on trouve pour $z = 7,975$, et $S = 1197$. Le seau parcourra donc 1197 mètres en montant et autant en descendant; et comme il faut 1 mètre 20 pour chaque tour de manivelle, on aura 997 tours $\frac{1}{2}$ en montant et autant en descendant. Maintenant, puisqu'on fait 5 tours par minute en montant, et 10 tours par minute en descendant, le nombre de minutes employées sera $\frac{997,5}{5} + \frac{997,5}{10} = 299,25$, et en ajoutant à ce résultat les 240 minutes nécessaires pour emplir et vider les 240 seaux, on aura pour le temps demandé, 539 minutes $\frac{1}{4}$.

11. *On a tiré d'un tonneau contenant 500 litres de vin, une fraction de cette quantité que l'on a remplacée par de l'eau; on a répété cette opération 16 fois, tellement que le tonneau ne renferme plus que 300 litres. On demande quelle partie du tonneau on tirait chaque fois.*

Solution raisonnée. — Soit a la quantité de vin contenue dans le tonneau; $\frac{1}{x}$ la partie qu'on en extrait chaque fois pour la remplacer par de l'eau; n le nombre de fois que l'on répète cette opération, et b la quantité de vin qui reste en dernier lieu, on aura, après la première soustraction $a\left(1-\frac{1}{x}\right)$, ou $a\left(\frac{x-1}{x}\right)$; après la seconde, $a\left(\frac{x-1}{x}\right)^2$; après la troisième, $a\left(\frac{x-1}{x}\right)^3$; et après la n^{me}, $a\left(\frac{x-1}{x}\right)^n$. Or ce reste égale b, on aura donc pour formule $a\left(\frac{x-1}{x}\right)^n=b$; laquelle peut servir à résoudre quatre sortes de problèmes suivant que l'on prend pour inconnue, a, b, n ou x.

Dans le cas proposé, l'inconnue est x, et l'on a $a=500$, $b=300$ et $n=16$. On cherchera d'abord la valeur générale de x, puis on y susbtituera les valeurs numériques

$$x=\frac{1}{1-\sqrt[n]{\frac{b}{a}}}=\frac{1}{1-\sqrt[16]{\frac{300}{500}}}=\frac{1}{1-\sqrt[16]{0{,}6}}.$$

Cherchant la valeur de $\sqrt[16]{0{,}6}$ par les logarithmes, on trouve $0{,}968$; de sorte que $x=\frac{1}{1-0{,}968}=31{,}2$; c'est-à-dire que l'on extrayait $\frac{10}{312}$, ou $\frac{1}{31}$ environ chaque fois.

---

12. *On demandait à un vieillard quel était son âge : Je suis né, répondit-il, une année qui avait pour cycle solaire 11, et pour nombre d'or 7 ; et nous sommes maintenant dans une année qui a pour cycle solaire 7, et pour nombre d'or 11. Quel est l'âge de ce vieillard?*

Solution raisonnée. — Soient x l'âge demandé, et y l'année de la naissance; $x+y$ sera l'année dans laquelle le vieillard fit sa réponse. Comme le cycle solaire est une période de 28 ans ayant commencé 9 ans avant l'ère chrétienne, et le cycle lunaire, ou nombre d'or, une autre période de 19 ans, qui a pris cours un an avant ladite ère, on aura pour l'année de la naissance, $9+y=28a+11$, et $1+y=19b+7$; a et b désignant le nombre des cycles solaires et lunaires écoulés depuis l'ère chrétienne. Cherchant la valeur de y dans chaque équation, et les égalant entre elles, on a $19\,b+6=28a+2$, ou $19b=28a-4$, d'où $b=\dfrac{28a-4}{19}=a+\dfrac{9a-4}{19}$.

Faisant $\dfrac{9a-4}{19}=E$, on obtient $a=2E+\dfrac{E+4}{9}$.

Faisant $\dfrac{E+4}{9}=E'$, on trouve $E=9E'-4$.

Alors si l'on suppose	$E'=$	1...	2...	3...	4...
on aura	$E=$	5...	14...	23...	32...
. . . .	$a=$	11...	30...	49...	68...
	y ou $28a+2=$	310...	842...	1374...	1906...

Résultats dans lesquels 1374 est l'année la plus récente que l'on puisse admettre pour la valeur de y. Le vieillard était donc né en 1374, et l'année en laquelle il avait x ans, était $1374+x$. Traitant cette année comme la précédente, en observant que le cycle solaire est 7, et le nombre d'or 11, on aura $9+1374+x=28a'+7$, et $1+1374+x=19b'+11$.

Prenant les deux valeurs de x pour les égaler entre elles, on obtient $28a'-1376=19b'-1364$; ou $28a'=19b'+12$; d'où $b'=\dfrac{28a'-12}{19}=a'+\dfrac{9a'-12}{19}$.

Faisant $\dfrac{9a'-12}{19}=E$, on obtient $a'=2E+1+\dfrac{E+3}{4}$.

Faisant $\dfrac{E+3}{9}=E'$, on arrive à $E=9E'-3$.

Supposant alors	$E'=$	1.....	2....	3....	4....
on aura	$E=$	6.....	15....	24....	33....
. . . .	$a'=$	14.....	33 ...	52....	71....
et x ou	$28a'-1376=$	$-$ 984...	$-$ 452....	80....	612....

valeurs dans lesquelles $x=80$ est la seule admissible.

Le vieillard avait donc 80 ans; il était né en 1374; c'est en 1454 que la réponse a été faite.

---

13. *Trouvez trois nombres tels que la somme des deux premiers multipliée par le troisième égale 374; celle des deux derniers multipliée par le premier égale 450; et celle du premier et du troisième multipliée par le second égale 494.*

Solution raisonnée. — Soient les trois nombres x, y et z; on aura, d'après les conditions du problème, $zx + zy = 374$, $yx + zx = 450$, et $yx + yz = 494$. Réunissant les trois équations, on obtient $2xy + 2xz + 2yz = 1318$.

d'où $xy + xz + yz = 659$. Si de ce résultat l'on ôte successivement

$$xz + zy = 374, \text{ il restera } xy = 285 \text{ (A)}.$$
$$xz + xz \quad = 450, \text{ il restera } zy = 209 \text{ (B)}.$$
$$xy + \ldots\ldots zy = 494, \text{ il restera } xz = 165 \text{ (C)}.$$

Multipliant ces trois restes entre eux, on obtient :

$$x^2y^2z^2 = 285 \times 209 \times 165 = 9828225; \text{ d'où } xyz = 3135.$$

Divisant successivement ce résultat par les restes (A), (B), (C), on obtient les valeurs $x = 15$, $y = 19$ et $z = 11$.

---

14. *Quelqu'un a placé à intérêts composés un capital qui, au bout de 10 ans, doit être doublé : on demande le taux annuel de l'intérêt.*

Solution raisonnée. — Soit $\frac{1}{x}$ l'intérêt annuel d'un franc, le capital C rapportera au bout d'un an $C \times \frac{1}{x}$, et vaudra avec les intérêts $C\left(1 + \frac{1}{x}\right)$; au bout de deux ans, il vaudra $C\left(1 + \frac{1}{x}\right)^2$; au bout de trois ans, $C\left(1 + \frac{1}{x}\right)^3$, et au bout de 10 ans $C\left(1 + \frac{1}{x}\right)^{10}$. Or à cette époque le capital doit être doublé : on aura donc $C\left(1 + \frac{1}{x}\right)^{10} = 2C$ ou $\left(1 + \frac{1}{x}\right)^{10} = 2$. Employant les logarithmes, cette équation devient $10 \log. (x + 1) - 10 \log. x = \log. 2$;

ou $\log.\left(1+\frac{1}{x}\right)=\frac{1}{10}\log.2=0{,}030103$. On trouve que le nombre naturel correspondant à ce résultat $=1{,}0717$. Ainsi $1+\frac{1}{x}=1{,}0717$ ou $\frac{1}{x}=0{,}0717$; c'est-à-dire que le taux de l'intérêt est 7,17 pour cent.

---

15. *Trouvez deux quantités telles que le carré de leur somme diminué de chacune d'elles soit un carré.*

Solution raisonnée. — Soient x et y les deux nombres demandés, et S leur somme. D'après les conditions du problème, S^2-x et S^2-y seront des carrés parfaits. Faisant $S-a$ la racine du premier, et $S-b$ la racine du second, on aura $S^2-x=S^2-2aS+a^2$ et $S^2-y=S^2-2bS+b^2$, on en tire les valeurs $x=aS-a^2$ et $y=2bS-b^2$.

Substituant à S la valeur $x+y$, on aura

$$x=\frac{a^2-2ay}{2a-1} \text{ et } x=\frac{y-2by+b^2}{2b}.$$

Egalant ces deux valeurs entre elles, et prenant la valeur de y,

$$\text{on trouve } y=\frac{b(2a^2-2ab+b}{2(a+b)-1}.$$

Pareillement on trouvera $x=\dfrac{a(2b^2-2ab+a)}{2(a+b)-1}$.

Ayant ainsi trouvé les valeurs des deux inconnues, en formules générales, comme le problème est indéterminé, on en fera l'application en donnant à a et à b des valeurs numériques.

Ainsi faisant $a=1$ et $b=\frac{1}{2}$, on trouve $x=\frac{1}{4}$, et $y=\frac{3}{8}$; $s=\frac{5}{8}$, $S^2=\frac{25}{64}$; $s^2-x=\frac{9}{64}$ et $s^2-y=\frac{16}{64}$, qui sont des carrés parfaits.

---

16. *Cherchez combien les 90 numéros de la loterie peuvent former d'extraits, d'ambes, de ternes et de quaternes, et faites connaître combien ce jeu est défavorable aux joueurs, sachant que l'extrait gagnant ne se paie que 15 fois la mise, l'ambe 270 fois, le terne 5500 fois, et le quaterne 75000 fois.*

Solution raisonnée. — Les nombres d'extraits, d'ambes, de ternes et de quaternes que l'on peut former avec 90 numéros sont équivalents aux nombres d'arrangements de la 1re, de la 2e, de la 3e et de la 4e classe des combinaisons sans répétition des 90 éléments.

Ainsi le nombre d'extraits $= 90$;

$$\text{d'ambes} = \frac{90.89}{1.2} = 4005;$$

$$\text{de ternes} = \frac{90.89.88}{1.2.3} = 117480;$$

$$\text{de quaternes} = \frac{90.89.88.87}{1.2.3.4} = 2555190.$$

Maintenant, avec les cinq numéros qui sortent à chaque tirage, on peut former 5 extraits;

$$\frac{5.4}{1.2} = 10 \text{ ambes};$$

$$\frac{5.4.3}{1.2.3} = 10 \text{ ternes};$$

$$\frac{5.4.3.2}{1.2.3.4} = 5 \text{ quaternes}.$$

De sorte que celui qui mettait un extrait à la loterie, avait une probabilité de gagner 5 fois sur 90 ou une fois sur 18; et cependant on ne lui payait en cas de gain que 15 fois la mise.

Celui qui mettait un ambe avait la probabilité de gagner 10 fois sur 4005 ou une fois sur $400\frac{1}{2}$, et pourtant on ne lui payait, quand l'ambe sortait, que 270 fois la mise.

Celui qui mettait un terne avait la probabilité de gagner dix fois sur 117480, ou une fois sur 11748, et il ne recevait, en cas de gain, que 5500 fois sa mise.

Enfin celui qui mettait un quaterne, avait la probabilité de gagner 5 fois sur 2555190, ou une fois sur 511038, et on ne lui payait, en cas de gain, que 75000 fois la mise. Il y avait donc une grande disproportion entre les gains accordés et ceux qui devaient l'être, et cela au détriment de ceux qui mettaient à la loterie, et qui n'étaient pas en état de calculer combien ce jeu leur était défavorable.

---

17. *Trouvez deux nombres dont la différence soit 10, et tels que la différence de leurs cinquièmes puissances soit 1403050.*

Solution raisonnée. — Soient x et y les deux nombres demandés, $2a$ leur somme et $2d$ leur différence. On aura $x=a+d$ et $y=a-d$. Elevant ces deux quantités à la cinquième puissance, on obtient $x^5=a^5+5a^4d+10a^3d^2+10a^2d^3+5ad^4+d^5$,

et $y^5=a^5-5a^4d+10a^3d^2-10a^2d^3+5ad^4-d^5$.

Soustrayant : $x^5-y^5=10a^4d+20a^2d^3+2d^5$.

Substituant à d sa valeur donnée $=\frac{10}{2}=5$, et égalant le résultat au nombre 1403050, on obtient :

$50a^4+2500a^2+6250=1403050$, ou $a^4+50a^2=27936$.

On en tire $a^2+25=169$, d'où $a^2=144$ et $a=12$.

La somme des deux nombres vaut donc $2a$ ou 24, et les deux inconnues ont pour valeurs : $x=\frac{1}{2}(24+10)=17$; $y=\frac{1}{2}(24-10)=7$.

Les deux nombres sont donc 17 et 7.

---

18. *Partagez 15 en trois nombres tels qu'en joignant le premier au produit des deux autres, la somme soit 38, et en joignant le second au produit des deux autres, la somme égale 26.*

Solution raisonnée. — Soient x le troisième nombre, y le produit du second par le troisième, et z le produit du premier par le troisième. Le second nombre sera $\frac{y}{x}$, et le premier sera $\frac{z}{x}$. On aura les trois équations :

$$\frac{z}{x}+\frac{y}{x}+x=15,\ \frac{z}{x}+y=38 \text{ et } \frac{y}{x}+z=26.$$

On en déduit les trois suivantes :

$$z + y + x^2 = 15x \text{ (A)}, \quad z + xy = 38x, \quad \text{et } y + xz = 26x.$$

Réunissant les deux dernières, on a $(y + z)(x + 1) = 64x$; d'où l'on tire $y + z = \frac{64x}{x+1}$.

Substituant cette valeur dans l'équation (A), on trouve :

$$(15x - x^2)(x + 1) = 64x, \text{ ou } 14x^2 - x^3 = 49x.$$

Divisant tout par x : $14x - x^2 = 49$ ou $x^2 - 14x + 49 = 0$; puis extrayant la racine, on trouve $x - 7 = 0$, ou $x = 7$.

Connaissant le troisième nombre, on en substitue la valeur dans les premières équations, ce qui donne $z + 7y = 266$ et $y + 7z = 182$. On en déduit $y + z = \frac{1}{8}(226 + 182) = 56$; puis $z = 21$, et $y = 35$.

Ces deux nombres désignant des produits de x, on trouve pour les autres facteurs 3 et 5; tellement que les trois nombres proposés sont 3, 5 et 7, dont la somme égale 15, et qui satisfont aux autres conditions du problème.

---

19. *Trouvez trois nombres tels que leurs carrés pris deux à deux donnent pour sommes trois nombres carrés.*

Solution raisonnée. — Soient x, y et z, les trois nombres demandés; leurs carrés seront x^2, y^2 et z^2, et les sommes $x^2 + y^2$, $x^2 + z^2$, $y^2 + z^2$ devront être des carrés.

Pour résoudre ce problème, il faut considérer que la différence de deux carrés étant partagée en deux facteurs, la racine du plus grand carré égale la demi-somme, et la racine du plus petit carré égale la demi-différence de ces facteurs.

En effet, soit le carré de $x + y = x^2 + 2xy + y^2$,

et le carré de $x - y = x^2 - 2xy + y^2$;

retranchant la seconde équation de la première, on verra que la différence des deux carrés $= 4xy$, dont les facteurs sont $2x$ et $2y$. Or la demi-somme de ces facteurs $= x + y$, racine du plus grand carré; et leur demi-différence $= x - y$, racine du plus petit carré.

Cela étant posé, si l'on désigne par p^2 le carré égal à $x^2 + z^2$; et par q^2, le carré égal à $y^2 + z^2$, on aura les équations

$$z^2 = p^2 - x^2, \text{ et } z^2 = q^2 - y^2;$$

qui ne seront pas troublées en les changeant en celles-ci :

$$av\frac{z^2}{av} = p^2 - x^2, \text{ et } bv\frac{z^2}{bv} = q^2 - y^2;$$

dans lesquelles la différence des carrés $p^2 - x^2$ est exprimée en deux facteurs, l'un av et l'autre $\frac{z^2}{av}$; et la différence des carrés $q^2 - y^2$ est aussi exprimée en deux facteurs, l'un bv et l'autre $\frac{z^2}{bv}$.

Appliquant le principe susmentionné, on aura pour racine du plus petit carré dans chaque équation :

$$x = \frac{z^2}{2av} - \frac{av}{2} \text{ (A)}; \text{ et } y = \frac{z^2}{2bv} - \frac{bv}{2} \text{ (B)}.$$

Elevant tout au carré, et faisant l'addition, on obtient :

$$x^2 + y^2 = \frac{(a^2 + b^2)z^4}{4a^2b^2v^2} - z^2 + \frac{v^2(a^2 + b^2)}{4}.$$

Or, d'après les conditions du problème, cette somme doit aussi être un carré parfait; et si l'on remplace pour simplifier l'équation, $a^2 + b^2$ par c^2, on aura :

$$x^2 + y^2 = \frac{c^2z^4}{4a^2b^2v^2} - z^2 + \frac{c^2v^2}{4} = \square.$$

Comme v est une quantité quelconque, indépendante de toutes les autres quantités supposées, on pourra prendre pour racine de ce carré $\frac{cv}{2}$; ce qui donnera :

$$\frac{c^2z^4}{4a^2b^2v^2} - z^2 + \frac{c^2v^2}{4} = \frac{c^2v^2}{4}; \text{ ou } \frac{c^2z^4}{4a^2b^2v^2} = z^2.$$

On en déduit $cz = 2abv$, ou $z = \frac{2abv}{c}$.

Substituant cette valeur dans les équations (A) et (B), on trouve $x = \frac{av(4b^2 - c^2)}{2c^2}$, et $y = \frac{bv(4a^2 - c^2)}{2c^2}$.

Pour faire l'application de ces formules à des quantités numériques, en évitant des fractions, supposons le dénominateur $2c^2 = v$, et rappelons-nous que $c^2 = a^2 + b^2$. Prenant dans les plus petits nombres possible, trois quantités applicables à cette équation, par exemple $c = 5$; $a = 4$, et $b = 3$, on aura $v = 2c^2 = 50$; $z = 240$; $x = 44$, et $y = 117$. Les trois nombres demandés peuvent donc être 44, 117 et 240. En effet, $44^2 + 117^2 = 125^2$, $44^2 + 240^2 = 244^2$, et $117^2 + 240^2 = 267^2$.

---

20. *Un objet est également éclairé par deux lumières, dont les intensités sont dans le rapport de 16 à 25 : on sait que cet objet est à 8 décimètres $\frac{8}{9}$ de la lumière la plus faible : quel est l'intervalle des deux lumières?*

Solution raisonnée. — L'intensité de la lumière étant en raison inverse du carré des distances, si l'on désigne par x la distance de la lumière la plus forte à l'objet éclairé, la force de cette lumière, qui est comme 25 à la distance 1, sera comme $\frac{25}{x^2}$ à la distance x; de même la force de l'autre lumière, qui est comme 16 à la distance 1, sera comme $\frac{16}{(8\frac{8}{9})^2}$, à la distance $8\frac{8}{9}$; et comme les deux forces sont égales, on a l'équation $\frac{25}{x^2} = \frac{16}{(8\frac{8}{9})^2}$; d'où $16x^2 = 25 \times \left(8\frac{8}{9}\right)^2$, et $4x = 5 \times 8\frac{8}{9}$ ce qui donne $x = 11\frac{1}{9}$. Les deux lumières étant supposées sur une même ligne avec l'objet éclairé, leur distance sera $8\frac{8}{9} + 11\frac{1}{9} = 20$ décimètres ou 2 mètres.

---

21. *On demande de combien de manières on peut faire équilibre à un poids de 254 kilogrammes, en mettant dans l'autre bassin de la balance des poids de 10 et de 11 kilogrammes.*

Solution raisonnée. — Soient x le nombre de poids de 10 kilog. et y celui des poids de 11 kilog. ; on aura l'équation $10x + 11y = 254$. Cherchant la valeur de y, on trouve $\frac{254 - 10x}{11} = 23$

$-\left(\frac{10x-1}{11}\right)$. Faisant $\frac{10x-1}{11}=E$, on obtient $x=\frac{11E+1}{10}=E+\frac{E+1}{10}=E+\frac{E+1}{10}$. Prenant ensuite $\frac{E+1}{10}=E'$, on arrive à $E=10\,E'-1$.

Soit maintenant $E'=$	1....	2....	3....
On aura $E=$	9....	19....	29....
........$x=$	10....	21....	32....
.......$y=$	14....	4....	—6....

De sorte qu'il n'y a que deux manières de faire l'équilibre demandé, savoir : 1° avec 10 poids de 10 kilog. et 14 poids de 11 kilog.; 2° avec 21 poids de 10 kilog., et 4 poids de 11 kilo.

---

22. *Partagez le nombre 27 en trois parties telles que la troisième surpasse de 3 la demi-somme des deux autres, et que la somme des carrés des deux premières surpasse de 9 le carré de la troisième.*

Solution raisonnée. — Soient x, y et z les trois parties du nombre 27. On aura les équations : $x+y+z=27$, $z=3+\frac{1}{2}(x+y)$ et $x^2+y^2=z^2+9$. Multipliant la seconde par 2 et l'ajoutant à la première, on obtient $3z=33$, d'où $z=11$. Il reste alors pour $x+y=27-11=16$; et $x^2+y^2=121+9=130$. Prenant la valeur de $x=16-y$, et l'élevant au carré pour la substituer dans la dernière équation, on obtient $y^2-16y=-63$; d'où $y-8\pm1$, et $y=9$ ou 7. Alors $x=16-9=7$, ou $16-7=9$. Les trois parties du nombre proposé sont par conséquent 7, 9 et 11.

---

23. *Deux poids, l'un de 36 kilogrammes et l'autre de 24, sont en équilibre sur une balance : combien faudra-t-il ajouter au plus faible pour qu'en les changeant de bassin il y ait encore équilibre?*

Solution raisonnée. — Soient d'abord x et y les longueurs respectives des deux bras de la balance qui met en équilibre des poids de 36 et de 24 kilogrammes. On en déduira que $x:y=2:3$. Si maintenant on veut changer les poids de bassin, il faudra augmenter le poids le plus faible d'une quantité que nous désignerons par a, et l'on aura $2(24 + a) = 3 \times 36 = 108$; d'où $a = 30$. Il faudra donc ajouter 30 kilogrammes.

---

24. *On a pesé avec une balance fausse ou dont les bras du levier sont inégaux, 16 kilogrammes de café. Quelqu'un soupçonnant la fraude fit placer le café dans le bassin opposé, et trouva qu'il ne pesait alors que 9 kilogrammes. On demande quel est le poids véritable du café.*

Solution raisonnée. — Soit p le poids réel du café, x et y les longueurs relatives des bras de la balance. D'après la première pesée, l'on a $px = 16y$, et d'après la seconde, on obtient $py = 9x$; multipliant ces deux équations, on arrive à ce résultat $p^2xy = 144xy$, ou $p^2 = 144$ et $p = 12$. Le poids réel est donc de 12 kilogrammes.

---

25. *Partagez le nombre 320 en quatre parties telles que la somme de leurs carrés soit 52480, et que chacune d'elles égale un même nombre de fois la précédente.*

Solution raisonnée. — Il s'agit ici de trouver les quatre termes d'une progression géométrique dont la somme est 320, et dont la somme des carrés égale 52480. Faisant usage de la formule déjà trouvée, et substituant les valeurs $4a = 320$ et $16b = 52480$, $a = 80$ et $b = 3280$, on a $x = -\frac{b}{a} \pm \sqrt{\frac{2a^4 - 2a^2b + b^2}{a}} = 48$; puis $y^2 = x^2\left(\frac{a - x}{a + x}\right) = 576$; d'où $y = 24$. Le premier moyen égalant $x - y$, vaudra $48 - 24 = 24$. Le second moyen égalant $x + y$, vaudra 72 ; le premier terme sera $\frac{(x - y)^2}{x + y}$ ou 8 ; et le quatrième terme ayant pour valeur $\frac{(x + y)^2}{x - y}$ sera égal à 216. Les quatre parties du nombre proposé sont donc $8 : 24 : 72 : 216$; leur somme égale 820 ; et la somme de leurs carrés, $64 + 576 + 5184 + 46656 = 52480$.

---

26. *Trouvez trois nombres tels qu'en ajoutant successivement leur produit à chacun d'eux, les trois sommes soient des nombres carrés.*

Solution raisonnée. — Soient les trois nombres 1, $2x$ et $\frac{x^2-2x}{2x}$, leur produit sera x^2-2x; et en y ajoutant chacun des trois nombres, on a x^2-2x+1, x^2, et $x^2-\frac{3}{2}x-1$; résultats qui, d'après les conditions du problème, sont des carrés parfaits.

Quant aux deux premiers, les racines sont $x-1$, et x; et pour trouver la racine du troisième, supposons que cette racine $=x-a$.

On aura $x^2-2ax+a^2=x^2-\frac{3}{2}x-1$, ou $2ax-\frac{3}{2}x=a^2+1$.

Multipliant tout par 2, on obtient $4ax-3x=2a^2+2$; d'où $x=\frac{2a^2+2}{4a-3}$. Le problème est donc indéterminé.

Supposant $a=3$, on aura $x=2\frac{2}{9}$, et les trois nombres seront 1, $4\frac{4}{9}$ et $\frac{1}{9}$.

Supposant $a=7$, on aura $x=4$, et les trois nombres seront 1, 8 et 0. Dans ce cas, le problème se réduit aux deux premiers nombres.

---

27. *La condition d'équilibre étant l'égalité des produits de chaque force par la longueur du bras de levier correspondant, on demande à quel point d'une perche de deux mètres de longueur se trouve le point d'appui, quand il y a équilibre entre deux poids, l'un de 63 kilogrammes, l'autre de 27, placés aux extrémités de cette perche.*

Solution raisonnée. — Soit x la longueur du bras du levier correspondant au poids 63 kilogrammes, la longueur du bras correspondant au poids 27 kilog. sera $2-x$, et d'après le problème, on aura $63x=27(2-x)$; d'où $x=0{,}06$. Ainsi le point d'appui est à 6 décimètres de l'extrémité à laquelle est suspendu le poids de 63 kilogrammes.

---

28. *Il y a 4 ans la sœur avait $\frac{1}{5}$ d'années de plus que le frère ; dans 4 ans le frère aura $\frac{1}{10}$ d'années de moins que la sœur. Quel âge ont-ils aujourd'hui?*

Solution raisonnée. — Soit x l'âge actuel du frère, $(x - 4)$ était son âge il y a 4 ans, et par conséquent la sœur avait alors $(x - 4)$ $\frac{6}{5} = \left(\frac{6x-24}{5}\right)$, et elle a aujourd'hui $\left(\frac{6x-24}{5}\right) + 4 = \left(\frac{6x-4}{5}\right)$. Dans 4 ans, le frère aura $(x + 4)$, et la sœur aura $\left(\frac{6x-4}{5}\right) + 4$ $= \left(\frac{6x+16}{5}\right)$; donc, d'après le dernier énoncé, on aura l'équation suivante $(x + 4) = \left(\frac{6x+16}{5}\right) \frac{9}{10}$, d'où $x = 14$. Ainsi, le frère a 14 ans et la sœur 16.

---

29. *Quelle est la longueur relative des deux bras A et B d'une balance qui met en équilibre des poids de 35 et de 49 kilogrammes?*

Solution raisonnée. — Soit x la longueur du bras auquel est suspendu le poids de 35 kilogrammes, et y celle du bras auquel est suspendu le poids de 49 kilogrammes. On aura l'équation $35x = 49y$. Considérant les deux membres de cette équation comme l'expression du produit des moyens et de celui des extrêmes, on en déduira la proportion $x : y = 49 : 35$, ou comme 7 à 5.

---

30. *Quelqu'un a dans un tonneau 100 litres d'eau à une température de 40 degrés ; il veut en ôter une partie et la remplacer par une égale quantité d'eau bouillante, tellement que le mélange ait une température de 80 degrés : combien doit-il en ôter? On sait que l'eau bouillante a une température de 212 degrés (thermomètre de Fahrenheit), et qu'en mélangeant deux quantités d'eau à des températures différentes, la température moyenne devient telle que les différences entre cette température moyenne et les températures primitives sont entre elles en raison inverse des quantités d'eau à mélanger.*

Solution raisonnée. — Soit x la quantité d'eau à 40 degrés que l'on veut remplacer par de l'eau bouillante, ou à 212 degrés (thermomètre de Fahrenheit), de manière à faire un mélange à 80 degrés. $100-x$ sera la quantité d'eau à 40 degrés qui restera dans ce mélange; et les différences des températures seront $80-40$ et $212-80$ ou 40 et 132. D'après les principes établis, ces deux différences sont entre elles en raison inverse des quantités à mélanger : on aura donc la proportion $40:132=x:100-x$; ce qui donne $40(100-x)=132x$, d'où $x=23\frac{11}{43}$, quantité d'eau à remplacer par de l'eau bouillante.

---

31. *On a observé qu'une horloge très-exacte, ayant été transportée au sommet d'une montagne, retarde de 20 secondes en 24 heures. On demande de déterminer, d'apres cela, la hauteur de cette montagne. On sait 1° que la gravité ou la force d'attraction d'un corps vers la terre, est en raison inverse du carré des distances au centre de la terre, ainsi qu'en raison inverse du carré des temps des vibrations d'une pendule; 2° que le rayon de l'équateur est 6376522 mètres.*

Solution raisonnée. — Soient r le rayon de la terre; b, le nombre de secondes compris en 24 heures; c, les 20 secondes de retard; et x, la hauteur perpendiculaire de la montagne où l'on a fait l'observation. Puisque la gravité ou la force d'attraction d'un corps vers la terre est en raison inverse du carré des distances au centre de la terre, ainsi qu'en raison inverse du carré des temps des vibrations d'une même pendule, il s'ensuit que les temps des différentes vibrations d'une même pendule placée à différentes distances du centre de la terre, sont entre eux en raison inverse de ces distances. On aura donc la proportion $r:r+x=b-c:b$. D'où $x=\frac{cr}{b-c}$.

Remplaçant b, c et r par leurs valeurs, on a $x=\frac{20\times6376522}{86400-20}$ $=1476\frac{1678}{4319}$.

§ II — Manière d'ordonner les termes des quantités qui ont la même puissance de la lettre ordonnatrice, dans les quantités algébriques polynomes (1).

1. Pour ordonner un polynome, lorsque plusieurs de ses termes renferment la même puissance de la lettre ordonnatrice, on choisit dans chacun de ces termes une seconde lettre commune, afin de les ordonner entre eux.

Soit à ordonner le polynome suivant :

$$5a^2b + 7ab^3 - 2a^3b^2 - a^2b^3.$$

Cette quantité étant ordonnée par rapport à la puissance croissante de b, nous donne

$$-a^2b^3 + 7ab^3 - 2a^3b^2 + 5a^2b.$$

Comme les deux termes $+ 7ab^3$ et $- a^2b^3$ contiennent la même lettre ordonnatrice b^3, nous les avons ordonnés entre eux par rapport à la puissance décroissante de la seconde lettre commune a.

2. Pour multiplier deux polynomes qui renferment des termes ayant la même puissance de la lettre ordonnatrice, voici comment il faut disposer les termes de ces polynomes.

On écrit dans une même colonne verticale, et les uns au-dessous des autres, les termes du multiplicande qui renferment la même puissance de la lettre ordonnatrice; on opère de la même manière pour les termes du multiplicateur, et l'on a soin de séparer tous les termes du multiplicande de ceux du multiplicateur par une ligne pointillée, puis on opère la multiplication comme à l'ordinaire.

Soit proposé de multiplier $5a^2m^3 - 3m + 3abm^3 + 7abm^2$ par $-7am^2 + 2abm + 4bm^2$.

Nous disposons l'opération en écrivant les termes qui ont la

(1) Le professeur pourra dicter ce paragraphe aux élèves.

même puissance de la lettre ordonnatrice, dans un même groupe, et en ligne verticale.

$$\begin{array}{l} \quad 5a^2m^5 + 7abm^2 - 3m \\ + 3abm^5 \\ \quad \cdots\cdots\cdots\cdots\cdots\cdots\cdots\cdots \\ - 7am^2 + 2abm \\ + 4bm^2 \\ \hline - 35a^3bm^5 - 49a^2bm^4 + 21am^5 \\ - 21a^2bm^5 + 28ab^2m^4 - 12bm^5 \\ \quad 20a^2bm^5 + 10a^3bm^4 + 14a^2b^2m^5 - 6abm^2 \\ \quad 12ab^2m^5 + 6a^2b^2m^4 \\ \hline - 35a^3bm^5 - 49a^2bm^4 + 21am^5 \\ - \quad a^2bm^5 + 28ab^2m^4 - 12bm^5 \\ \quad 12ab^2m^5 + 10a^3bm^4 + 14a^2b^2m^5 - 6abm^2 \\ \qquad + 6a^2b^2m^4 \end{array}$$

Pour faire cette opération, nous avons multiplié tous les termes du premier groupe du multiplicande par les termes du premier groupe du multiplicateur : le produit de ces deux groupes de termes donne le groupe le plus élevé du produit total (1); ces termes peuvent bien se réduire entre eux dans la réduction des produits partiels; mais ils ne peuvent se réduire avec ceux provenant des groupes qui viennent ensuite.

Il en serait encore de même si les termes du premier groupe, au multiplicande et au multiplicateur, étaient affectés de la plus petite puissance de la lettre par laquelle on ordonne; le produit de ces deux groupes de termes serait le groupe le moins élevé du produit.

Voici le détail de l'opération précédente :

Facteurs qui PRODUISENT LE 1er GROUPE.

$5a^2m^5$	du multiplicande	$\times$	$-7am^2$	du multiplicateur	$=$	$-35a^3bm^5$
$3abm^5$	id.	$\times$	$-7am^2$	id.	$=$	$-21a^2bm^5$
$5a^2m^5$	id.	$\times$	$4bm^2$	id.	$=$	$20a^2bm^5$
$3abm^5$	id.	$\times$	$4bm^2$	id.	$=$	$12ab^2m^5$

(1) On appelle *groupe le plus élevé* d'un polynome, l'ensemble de tous les termes qui renferment la lettre ordonnatrice affectée du plus haut

Facteurs qui PRODUISENT LE 2e GROUPE.

$7abm^2$	id.	$\times -7am^2$	id.	$=$	$-49a^2bm^4$
$7abm^2$	id.	$\times\ 4bm^2$	id.	$=$	$28ab^2m^4$
$5a^2m^3$	id.	$\times\ 2abm$	id.	$=$	$10a^3bm^4$
$3abm^3$	id.	$\times\ 2abm$	id.	$=$	$6a^2b^2m^4$

Facteurs qui PRODUISENT LE 3e GROUPE.

$-3m$	id.	$\times -7am^2$	id.	$=$	$21am^3$
$-3m$	id.	$\times\ 4bm^2$	id.	$=$	$-12bm^3$
$7abm^2$	id.	$\times\ 2abm$	id.	$=$	$14a^2b^2m^3$

Facteurs qui PRODUISENT LE 4e GROUPE.

$3abm^3$	id.	$\times\ 2abm$	id.	$=$	$-6abm^2$

Maintenant il est très facile de faire la réduction dans chacun des groupes que nous avons obtenus.

3. Lorsqu'on veut diviser deux polynomes qui contiennent chacun des termes de la même puissance de la lettre ordonnatrice, on observe d'abord que le dividende (*considéré comme un produit*) contient le groupe le plus élevé *qui provient de la multiplication du groupe le plus élevé du multiplicande par le groupe le plus élevé du multiplicateur*, et que ce groupe ne se réduit point avec les autres groupes.

Donc si l'on veut diviser un tel polynome par un autre, on écrira les termes du même groupe dans la seule colonne verticale; à la droite de cette colonne on tirera un trait pour la séparer de la lettre ordonnatrice affectée de la plus haute puissance. On agira de la même manière pour les autres termes du dividende ou du diviseur.

Actuellement, en divisant le groupe le plus élevé du dividende par le groupe le plus élevé du diviseur, on obtiendra le groupe le plus élevé du quotient (*ce groupe peut n'avoir qu'un terme, mais le plus souvent il en contient plusieurs*); on multipliera le diviseur par le groupe de termes qu'on aura obtenu, puis on retranchera du dividende le produit résultant de cette multiplication.

---

exposant : le *groupe le moins élevé* contient les termes qui ont la lettre ordonnatrice affectée du moindre exposant.

La soustraction de ce produit peut donner un reste ; on opérera sur ce reste comme sur un dividende et ainsi de même pour les autres restes.

Afin de bien comprendre l'esprit du procédé que nous présentons ici (*il est le plus compliqué de la division des polynomes*), reprenons l'exemple précédent de la multiplication (nº 2).

Soit le polynome $35a^3bm^5 - 49a^2bm^4 + 21am^3 - 12bm^3 - 6am^2b + 14a^2b^2m^3 + 28ab^2m^4 - a^2bm^5 + 10a^3bm^4 + 12ab^2m^5 + 6a^2b^2m^4$ par $5a^2m^3 + 7abm^2 - 3m + 3abm^3$.

DISPOSITION DES TERMES D'APRÈS LA RÈGLE ÉTABLIE PLUS HAUT.

Dividende.

$-35a^3b$	$m^5 - 49a^2b$	$m^4 + 21a$	$m^3 - 6abm^2$
$-a^2b$	$+28ab^2$	$-12b.$	
$12ab^2$	$+10a^3b$	$+14a^2b^2$	
	$+\ 6a^2b^2$		
$35a^3$	$m^5 + 49a^2b$	$m^4 - 21a$	m^3
$21a^2b$	$-28ab^2$	$+12b$	
$-20a^2b$			
$-12ab^2$			

Diviseur.

$5a^2$	$m^3 + 7abm^2 - 3m$
$3ab$	

Quotient.

$-7a$	$m^2 + 2abm$
$4b$	

1er Reste.....	$+10a^3b$	$m^4 + 14a^2b^2$	$m^3 - 6abm^2$
	$+6a^2b^2$		
	$-10a^3b$	$m^4 - 14a^2b^2$	$m^3 + 6abm^2$
	$-\ 6a^2b$		
2e Reste.....	0	0	0

DÉTAIL DE L'OPÉRATION.

Nous divisons le groupe le plus élevé $(-35a^3 - a^2b + 12ab^2)\,m^5$ du dividende, par $(5a^2 + 3a^5)\,m^3$, groupe le plus élevé du diviseur.

On considérera pour coefficient de m^5, dans le dividende, toute la partie qui est à la gauche de cette quantité ; on en fera autant pour toute la partie écrite à gauche de la quantité m^3 dans le diviseur.

	$-\ 35a^3$	$-\ \ a^2b$	$+\ 12ab^2$	$5a^2 + 3ab$
	$+\ 35a^3$	$+\ 21a^2b$		$-\ 7a + 4b$
1er R.	0	$+\ 20a^2b$	$+\ 12ab^2$	
		$+\ 20a^2b$	$-\ 12ab^2$	
2e R.		0	0	

Le quotient est $-7a + 4b$.

On a encore la quantité m^3 à diviser par m^3, dans l'opération principale, ce qui donne m^2 pour quotient de ces deux quantités m^3 et m^3. Donc, *le quotient du groupe le plus élevé du dividende par le groupe le plus élevé du diviseur, sera* $(-7a+4b)\,m^2$.

Ce groupe de termes étant écrit au quotient total, nous multiplions (*voir la multiplication par groupes, dans l'exemple donné plus haut*) le diviseur par ce groupe de termes pour obtenir les produits partiels suivants :

$(35a^3 + 21a^2b - 20a^2b - 12ab^2)\,m^5$ pour 1er groupe,
$(49a^2b - 28ab^2)\,m^4$ pour 2e groupe,
$(-21a + 12b)\,m^3$ pour 3e groupe.

Nous avons eu soin de changer les signes, afin d'opérer la soustraction de ces différents groupes, du produit des groupes correspondants du dividende.

La *réduction* faite, on obtient :

$(10a^3b + 6a^2b^2)\,m^4$ pour 1er groupe,
$(14a^2b^2)\,m^4$ pour 2e groupe,
$-6abm^2$ pour 3e groupe.

Ces groupes forment le premier reste.

On voit facilement que $(10a^3b + 6a^2b^2)\,m^4$ est le groupe le plus élevé de ce premier reste.

Nous avons donc encore la division partielle suivante :

$$\begin{array}{r|l} 10a^3b + 6a^2b^2 & 5a^2 + 3ab \\ \hline -10a^3b - 6a^2b^2 & 2ab \\ \hline 0 \quad\quad 0 & \end{array}$$

et en divisant m^4 par m^3 on obtient m pour quotient : donc le quotient du groupe le plus élevé du premier reste par le groupe le plus élevé du diviseur égale $2abm$.

En écrivant cette quantité au quotient total de l'opération principale, multipliant le diviseur par la même quantité, on obtient les produits partiels suivants :

$(-10a^3b - 6a^2b)\,m^4$ pour 1er groupe,
$-14a^2b^2m^3$ pour 2e groupe,
$+6abm^2$ pour 3e groupe.

Nous avons changé les signes de chacun de ces produits comme on l'a fait pour le cas précédent.

En faisant la réduction avec les termes du premier reste, on aura 0 au résultat.

Ainsi, l'opération étant terminée, on obtient pour quotient total la quantité $\begin{array}{c|l} -7a & m^2+2abm \\ 4b & \end{array}$

§ III — Observations et problèmes supplémentaires.

PROBLÈME.

Une frégate française et une frégate anglaise se sont canonnées pendant trois heures, et le nombre total des coups tirés de part et d'autre pendant le combat se monte à 429 : la frégate française a tiré 89 coups de plus que la frégate anglaise ; combien chaque frégate a-t-elle tiré de coups de canon ?

SOLUTION.

Il est évident que la question se réduit à trouver deux nombres x, y, dont la somme $x+y$ fasse 429, et dont la différence $x-y$ soit 89. J'ai donc pour l'expression des conditions du problème, les deux équations $x+y=429$, et $x-y=89$.

Je prends dans chaque équation la valeur d'une même inconnue, par exemple de x, ce qui me donne $x=429-y$, $x=89+y$; donc $89+y=429-y$, d'où je tire $2y=429-89=340$, et parconséquent $y=\frac{340}{2}=170$.

Il ne me reste plus qu'à substituer cette valeur de y dans une des deux équations qui expriment la valeur de x, par exemple, dans l'équation $x=429-y$, et je trouverai tout de suite que $x=429-170$, c'est-à-dire 259. Ainsi la frégate française a tiré 259 coups de canon, et la frégate anglaise 170 (1).

(1) Il est aisé de voir que, quand les nombres proposés seraient autres que 429 et 89, la solution de la question se trouverait par le même procédé que nous avons suivi. Si donc on proposait la question de cette

Remarque.— Les équations $x = \frac{a+b}{2}$, $y = \frac{a-b}{2}$, qui donnent la solution générale du problème proposé, se nomment des *formules*, parce qu'elles représentent les solutions de tous les problèmes de même espèce; c'est-à-dire, de tous les problèmes qui ont les mêmes conditions que celui qu'on a résolu par ces équations. Par exemple, si l'on proposait la question suivante :

PROBLÈME.

L'âge de Newton et celui de Descartes réunis font 139 ans; Newton a vécu 31 ans de plus que Descartes; combien ont-ils vécu chacun?

SOLUTION.

Les conditions de cette question sont évidemment les mêmes que celles du problème précédent, puisqu'on demande deux nombres dont on connaît la somme 139 et la différence 31. J'exprime donc 139 par a, 31 par b, l'âge de Newton par x, et celui de Descartes par y. L'équation $x = \frac{a+b}{2}$ devient $x = \frac{139+31}{2} = \frac{170}{2} = 85$, et l'équation $y = \frac{a-b}{2}$ se change en celle-ci, $y = \frac{139-31}{2} = \frac{108}{2} = 54$. Ainsi Newton a vécu 85 ans, et Descartes 54, ce qu'il est aisé de vérifier.

Observation. — Les formules algébriques renferment aussi des

---

manière générale: *Trouver deux nombres dont la somme soit un nombre connu et représenté par* a, *et dont la différence soit un nombre connu et représenté par* b; les conditions de ce problème seraient exprimées par les deux équations $x+y=a$, $x-y=b$. De ces deux équations je tirerais respectivement, $x=a-y$, $x=b+y$, ce qui me donnerait $b+y=a-y$, puis $2y=a-b$, et enfin $y=\frac{a-b}{2}$. (On peut indifféremment écrire $a-y=b+y$, et transposer dans l'un ou l'autre membre; on parviendra toujours au même résultat final, malgré la différence des signes.)

Je substitue cette valeur de y dans l'une des deux équations qui représentent la valeur de x, par exemple, dans l'équation $x=b+y$, je trouve $x=b+\frac{a-b}{2}$, ou $x=\frac{2b+a-b}{2}$; donc $x=\frac{a+b}{2}$.

règles générales qui sont susceptibles d'un énoncé simple et facile. Par exemple, les formules $x = \frac{a+b}{2}$ et $y = \frac{a-b}{2}$ qui sont respectivement les mêmes que celles-ci, $x = \frac{a}{2} + \frac{b}{2}$, et $y = \frac{a}{2} - \frac{b}{2}$, donnent cette *règle générale*,

Toutes les fois que l'on connaît la somme et la différence de deux quantités inégales, et inconnues chacune en particulier, il faut, pour trouver la plus grande, ajouter la moitié de la différence à la moitié de la somme ; et pour avoir la plus petite, il faut de la moitié de la somme retrancher la moitié de la différence.

Au reste, on peut encore résoudre les deux équations $x+y=a$, $x-y=b$, d'une manière différente, et qui est extrêmement simple. En effet, si l'on ajoute ces deux équations, on aura $2x=a+b$, et, par conséquent, $x = \frac{a+b}{2}$; ensuite soustrayant de l'équation $x+y=a$ l'équation $x-y=b$, on trouve tout de suite $2y=a-b$, d'où $y = \frac{a-b}{2}$. Il y a plusieurs autres cas dans lesquels on peut se servir de cette méthode pour trouver la valeur des inconnues.

PROBLÈME.

Une personne charitable voulut un jour faire l'aumône à plusieurs pauvres, et donner également à tous. D'abord elle avait projeté de donner 3 francs à chacun ; mais il lui aurait fallu 9 francs de plus; elle ne leur en donna donc que 2, et il lui en resta 2. Combien y avait-il de pauvres, et combien cette personne avait-elle de francs?

Solution.

Soient x le nombre des pauvres, et y le nombre des francs, les conditions du problème seront exprimées par les deux équations suivantes : $3x=y+9$, et $2x=y-2$.

La solution de ces deux équations donnera 24 pour la valeur de y, et 11 pour celle de x. Il y avait donc onze pauvres, et la personne charitable avait 24 francs.

PROBLÈME.

On propose de trouver deux nombres dont la somme fasse 8.

SOLUTION.

J'indique les deux nombres cherchés par x, y, et j'ai pour exprimer la condition du problème, $x+y=8$, d'où je tire $x=8-y$. Comme cette équation finale renferme deux inconnues, le problème est indéterminé, et la valeur de y, qui déterminera celle de x, dépend de ma volonté. Or je puis prendre pour la valeur de y tous les nombres entiers ou fractionnaires, tant positifs que négatifs. Ce petit problème est donc susceptible d'une infinité de solutions différentes.

Remarque. — Il arrive souvent que les conditions d'un problème indéterminé restreignent le nombre des solutions de ce problème. Ici, par exemple, si l'on veut que les nombres dont la somme doit faire 8 soient entiers, positifs, et au-dessus de zéro, le nombre des solutions devient très-borné. En effet, je ne puis alors donner à y une valeur au-dessus de 7 ni au-dessous de 1. Si, par exemple,

je fais $y=1,\ 2,\ 3,\ 4,\ 5,\ 6,\ 7,$
j'aurai $x=7,\ 6,\ 5,\ 4,\ 3,\ 2,\ 1.$

Or les trois dernières solutions sont les mêmes que les trois premières; la question n'admet donc que quatre solutions différentes.

PROBLÈME.

Combien avez-vous de brebis et de moutons, demandait quelqu'un à un laboureur? Le triple du nombre de mes brebis, répliqua malignement celui-ci, ne surpasse que de 5 le quadruple du nombre de mes moutons; déterminez maintenant, si vous le pouvez, le nombre des brebis et celui des moutons.

SOLUTION.

Soient x le nombre des brebis, et y celui des moutons; on aura donc $3x-4y=5$, d'où l'on tirera $x=\frac{4y+5}{3}$, ou $x=y+1$

$+\frac{y+2}{3}$, en faisant la division indiquée. Or, par la nature du problème, la valeur de x doit être un nombre entier et positif; il faudra donc que $y+1+\frac{y+2}{3}$ soit un nombre entier et positif; et comme la valeur de y doit être aussi un nombre entier et positif, il faut nécessairement que $\frac{y+2}{3}$ soit un nombre entier et positif, autrement $y+1+\frac{y+2}{3}$ ne serait point un nombre entier et positif.

On aura donc, en désignant par E ce nombre entier et positif, $\frac{y+2}{3}=E$, d'où l'on tirera d'abord $y+2=3E$, et enfin $y=3E-2$.

Maintenant, si l'on fait $E=1$, on aura $y=1$, ce qui donnera $x=3$. Faisant ensuite $E=2$, on trouvera $y=4$, et par conséquent $x=7$. Si l'on suppose $E=3$, la valeur de y sera 7, et la valeur correspondante de x sera 11, etc.

Les valeurs de y sont $y=1.4.7.10$, etc., et les valeurs correspondantes de x sont $x=3.7.11.15$, etc. Il est évident que les valeurs de y et de x forment chacune une progression arithmétique dont les termes vont toujours en croissant; la question proposée a donc une infinité de solutions différentes, et par conséquent, il est impossible de trouver le nombre des brebis et celui des moutons.

Remarque. — On ne peut supposer dans ce qui précède que $E=0$ ou un nombre négatif, parce que dans les deux cas il en résulterait une valeur négative pour y.

La valeur de x se trouve par la substitution de celle de y dans l'équation $x=\frac{4y+5}{3}$.

TABLE

DES ARTICLES CONTENUS DANS CET OUVRAGE

PREMIÈRE PARTIE

Solutions raisonnées des exercices et des problèmes d'Algèbre

SECONDE PARTIE

Développements sur différents sujets d'Algèbre

FIN DE LA TABLE DES MATIÈRES.

Paris. — Imp. Renou et Maulde, r. de Rivoli, 144.

APPENDICE

DES SOLUTIONS RAISONNÉES DES EXERCICES ET PROBLÈMES D'ALGÈBRE

Problèmes sur les Proportions

N° 32.

1. $(x+1)^2 \,.\, (x+12)^2 : (x+18)^2 \,.\, (x+22)^2$; d'où $x = 43$.

2. Soient x le premier terme, et y le second; le troisième sera $y+4$ et le quatrième $x+8$. On aura donc la proportion $x \,.\, y : y+4 \,.\, x+8$; d'où $x+2=y$. Puis élevant tous les termes au carré, on aura $x^2+y^2+(y+4)^2+(x+8)^2=184$. Substituant à y sa valeur $x+2$, on obtient l'équation $x^2+8x=20$; d'où $x=2$; alors $y=4$ et la proportion arithmétique est $2.4:8.10$.

3. Soient x, y, z et v, les quatre termes de la proportion arithmétique $x \,.\, y : z \,.\, v$, on en déduit $x+v=y+z$; et d'après l'énoncé du problème, $xv=24$, $yz=16$, et $x^2+y^2+z^2+v^2=120$. Si l'on élève au carré les deux membres de l'équation $x+v=y+z$, et que l'on substitue les valeurs de xv et de yz, on aura pour résultat $y^2+z^2-x^2-v^2=16$. On connaît donc ici la somme et la différence des quatre quantités x^2+v^2, y^2+z^2 prises deux à deux; on en déduira $y^2+z^2=\frac{120+16}{2}=68$ (A) et $x^2+v^2=\frac{120-16}{2}=52$ (B). Reprenant alors le produit $yz=16$ et l'ajoutant deux fois à l'équation (A), on en tire $(y+z)^2=100$, d'où $y+z=10$. Combinant ensuite cette équation avec $yz=16$, on obtient $z=8$ et $y=2$. Reprenant ensuite le produit $xv=24$ et l'ajoutant 2 fois à l'équation (B), on en tire $(x+v)^2=100$, d'où $x+v=10$; et en combinant cette équation avec $xv=24$, on obtient $x=4$ et $v=6$. Les quatre nombres composant la proportion arithmétique demandée sont donc $4.2:8.6$.

4. Soit $x \,.\, y : z \,.\, v$ la proportion arithmétique demandée. On en déduit $x + v = y + z$; puis, d'après les conditions du problème, $xv = 48$, $yz = 88$ et $x^3 + v^3 - y^3 - z^3 = 2280$. Décomposant le premier membre de cette dernière équation en $x^3 + v^3 = (x^2 - vx + v^2)(x + v)$ et $y^3 + z^3 = (y^2 - yz + z^2)(y + z)$, on a $(x^2 - xv + v^2)(x + v) - (y^2 - yz + z^2)(y + z) = 2280$ (E); puis élevant au cube $x + v = y + z$ ou $(x + v)^3 - (y + z)^3 = 0$, l'on a $(x^2 + 2xv + v^2)(x + v) - (y^2 + 2yz + z^2)(y + z) = 0$ (F).

Alors soustrayant l'équation (F) de l'équation (E), on obtient $3yz(y + z) - 3xv(x + v) = 2280$. Mais comme $y + z = x + v$, on arrive à $(x + v)(3yz - 3xv) = 2280$. Substituant les valeurs de $yz = 88$ et $xv = 48$, on a pour équation finale $120(x + v) = 2280$, d'où $x + v = 19$. Il sera facile alors de combiner ce résultat avec $xv = 48$, et l'on trouve $x = 3$ et $v = 16$. De même $y + z = 19$, et cette équation, combinée avec $yz = 88$, donne $y = 8$ et $z = 11$; de sorte que les quatre termes de la proportion arithmétique sont 3.8 : 11.16.

5. Soit y la moyenne arithmétique entre x et z : on aura $x + z = 2y$; de plus, d'après les données du problème, $xz = 36$ et $z^2 - x^2 = 320$. Pour résoudre ces équations, il faut élever $z^2 - x^2$ au carré $(z^2 - x^2)^2 = 102400$; puis ajouter au résultat $4x^2z^2 = 5184$, ce qui donne $z^4 + 2x^2z^2 + y^4 = 107584$; d'où l'on tire $z^2 + x^2 = 328$. Connaissant alors la somme 328 et la différence 320 des deux quantités z^2 et x^2, on trouve.... $z^2 = \frac{1}{2}(328 + 320) = 324$, d'où $z = 18$; et $x^2 = \frac{1}{2}(328 - 320) = 4$, d'où $x = 2$; réunissant $x + z = 18 + 2 = 20$, on trouve la valeur de $y = 10$. La moyenne demandée est par conséquent 10.

6. Soient les quatre nombres formant la proportion arithmétique $x.y : z.v$. On aura $x + v = y + z$, et comme leur somme égale 50, la moitié 25 sera la valeur de $x + v$ et celle de $y + z$. On dit en outre que le produit des moyens est 126, et celui des extrêmes 156 ; on aura donc $xv = 126$ et $yz = 156$. Combinant ces deux dernières équations avec les valeurs $x + v = 25$ et $y + z = 25$, on trouvera $x = 7$, $v = 18$, $y = 13$ et $z = 12$, et la proportion demandée est 7.13 : 12.18.

7. Soient les quatre nombres formant la proportion arithmétique $x.y:z.v$. Leur somme étant égale à 64, $x+v=y+z=32$; de plus leur produit $xyzv=29700$, et la somme de leurs carrés $x^2+y^2+z^2+v^2=1338$. Si, pour faciliter les calculs, nous désignons par a, b, c, les nombres 32, 29700 et 1338, on aura $(x+v)^2=a^2$, d'où $xv=\frac{1}{2}(a^2-x^2-v^2)$ (A), de même $(y+z)^2=a^2$, d'où $yz=\frac{1}{2}(a^2-y^2-z^2)$. Mais comme $y^2+z^2=c-x^2-v^2$, en substituant cette valeur dans la dernière équation, elle devient $yz=\frac{1}{2}(a^2-c+x^2+v^2)$ (B). Alors si l'on multiplie l'équation (A) par l'équation (B), on trouve

$$xyzv=\frac{1}{4}(a^4-a^2c+cx^2+cv^2-x^4-v^4-2x^2v^2).$$

Substituant à $xyzv$ sa valeur b, puis multipliant les deux membres par 4, et faisant passer tous les termes connus d'un même côté, on trouve pour résultat : $x^4+2x^2v^2+v^4-cx^2-cv^2=a^4-4b-a^2c$. Prenant ensuite pour inconnue x^2+v^2, on décompose le premier membre en $(x^2+v^2)^2-c(x^2+v^2)$, $=a^4-4b-a^2c$, équation dont le premier membre sera un carré, en y ajoutant $\frac{1}{4}c^2$. Prenant alors la racine carrée des deux membres, on a $x^2+v^2=-\frac{1}{2}c\pm\sqrt{a^4-4b-a^2c+\frac{1}{4}c^2}$. En effectuant sur les nombres les opérations indiquées dans ce résultat, on obtient $x^2+v^2=754$. Combinant cette équation avec $x+v=32$, on trouve $x=5$ et $v=27$. Soustrayant ensuite les valeurs x^2+v^2 du total 1338, on trouve $y^2+z^2=584$; et combinant ce résultat avec $y+z=32$, on obtient $y=10$ et $z=22$. La proportion demandée est donc 5.10:22.27.

8. Soient x, y et z les trois nombres proposés. On aura la proportion $x.y:y.z$; puis la somme $x+y+z=33$; puis la somme des carrés $x^2+y^2+z^2=395$. Comme $x+z=2y$, la somme $x+y+z$ devient $3y=33$, d'où $y=11$, et $x+z=22$, en outre $x^2+z^2=395-121=274$. Combinant ces deux équations, on obtient $x=7$, et $z=15$. Les trois nombres sont donc 7, 11 et 15.

9. Soient x et y les deux nombres dont la moyenne arithmétique est demandée. Leur produit divisé par leur différence égale 8, donc $xy = 8\,(y - x)$. De plus la différence de leurs carrés égale 4 fois leur somme, donc $y^2 - x^2 = 4\,(x + y)$. Mais comme $y^2 - x^2 = (x + y)\,(y - x)$, il s'ensuit que $y - x = 4$, et que $xy = 32$. On trouve alors facilement que les deux nombres proposés sont 4 et 8, et que la moyenne arithmétique est 6.

10. Soient x et y les deux nombres demandés; leur moyenne sera $\frac{1}{2}\,(x + y)$, et d'après l'énoncé du problème, cette moyenne égale $\frac{1}{20}\,(y^2 - x^2)$; de plus la moitié du produit des deux nombres égale le cinquième de la somme de leurs carrés, d'où $\frac{1}{2}\,xy = \frac{1}{5}\,(x^2 + y^2)$. En décomposant $y^2 - x^2$ en $(x + y)\,(y - x)$, la première équation donne immédiatement $y - x = 10$. Quant à la seconde, si on la transforme en $5xy = 2\,(x^2 + y^2)$ et que l'on en ôte 2 fois le carré $(y - x)^2 = 100$, on trouve pour résultat $xy = 200$. Combinant alors cette équation avec $y - x = 10$, on trouve pour y la valeur 20, et pour x la valeur 10, de sorte que la moyenne est 15.

11. Soit x la quantité demandée. On aura la proportion $2 + x : 3 + x = 12 + x : 15 + x$; d'où $(2 + x)\,(15 + x) = (3 + x)\,(12 + x)$. On en déduit $2x = 6$, puis $x = 3$. Le nombre demandé est 3, et la proportion est $5 : 6 = 15 : 18$.

12. Soient x et y les deux nombres proposés : on aura pour première proportion $5 : 6 = x : y$, et pour la seconde $7 : 8 = x + 4 : y + 4$. On en déduit $5y = 6x$ et $7y = 8x + 4$; d'où l'on tire $x = 10$ et $x = 12$. Les deux nombres sont 10 et 12.

13. Soient y la moyenne proportionnelle, et x l'un des extrêmes; l'autre extrême sera $30 - x$, et la somme des carrés donnera $2x^2 + 900 - 60x = 738$. On en déduit $x = 27$ ou 3; par conséquent la moyenne égalera $\sqrt{3 \times 27}$ ou 9.

14. La somme des moyens étant 17, si l'on désigne l'un par x, l'autre sera $17 - x$; et comme leur produit, égal à celui des extrêmes, est 60, on a pour équation $(17-x)\,x=60$, d'où $x=5$ ou 12. Les 2 moyens de la proportion sont donc 5 et 12.

15. Soient $x:y=z:v$ les quatre termes de la proportion demandée. On aura $xv=yz$, et comme l'on annonce que le produit $xyzv=3969$, on aura $xv=yz=\sqrt{3969}=63$. De plus, la somme des carrés $x^2+y^2+z^2+v^2=580$; si l'on ajoute à cette somme $2xv+2yz=252$, on aura $(x+v)^2+(y+z)^2=832$. Mais les quatre nombres faisant ensemble 40, on aura $(x+v)=40-(y+z)$, de sorte qu'en substituant le carré de cette valeur à $(x+v)^2$, et en faisant $y+z=a$, on obtiendra $(40-a)^2+a^2=832$. On en tire la valeur $a=24$ ou 16. On connaît donc la somme 16 ou 24 et le produit 63 des deux quantités $(y+z)$; on trouvera facilement dans la première hypothèse $y=7$ et $z=9$; et dans la seconde $y=3$ et $z=21$. La proportion demandée est donc $3:7=9:21$ ou $7:3=21:9$.

16. Soit x la première part; $\frac{8}{9}\,x$ sera la seconde, et si l'on désigne par z la troisième, $\frac{7}{8}\,z$ sera la quatrième, $\frac{5}{6}\,z$ sera la cinquième, et $\frac{5}{4}$ de $\frac{5}{6}$ de z ou $\frac{25}{24}\,z$ sera la sixième. Toutes les parts, sauf les deux premières, seront donc exprimées en parties de z. Mais comme la quatrième est à la première comme 7 à 6, on aura $\frac{7}{8}\,z:x=7:6$; d'où $x=\frac{3}{4}\,z$; puis $\frac{8}{9}\,x=\frac{2}{3}\,z$. De sorte que les six parts seront exprimées par $\left(\frac{3}{4}, \frac{2}{3}, \frac{1}{1}, \frac{7}{8}, \frac{3}{6}, \frac{25}{24}\right)z$; réunissant toutes ces fractions, on trouve $\frac{124}{24}\,z=12400$; d'où $z=2400$; et les six parts sont 1800, 1600, 2400, 2100, 2000 et 2500 francs.

17. Soient x et y les deux premiers termes de la proportion, $79-y$ et $129-x$ seront les deux derniers; et l'on aura $x:y=79-y:129-x$, d'où $129x-x^2=79y-y^2$ (A). Mais on dit que $x:y=4:9$ ou que $x=\frac{4}{9}\,y$. Si donc on substitue $\frac{4}{9}y$ à la place de x dans l'équation (A), on aura pour équation finale, $81 \times 65y = 3 \times 65y^2$; d'où $y = \frac{81}{3} = 27$. On en conclut que $x = 12$, et que les deux autres nombres sont 52 et 47, d'où l'on a la proportion $12 : 27 = 52 : 117$.

18. Soient x l'un de ces nombres, et y la quantité dont on le diminue, le second nombre sera $\frac{5}{4}x$, et la quantité dont on le diminue sera $\frac{7}{6}y$; de plus les deux différences seront $x - y$ et $\frac{5}{4}x - \frac{7}{6}y$, et comme ces différences sont entre elles comme 2 à 3, on a pour proportion $x - y : \frac{5}{4}x - \frac{7}{6}y = 2 : 3$, d'où $3x = 4y$. On sait en outre que la somme des deux premiers nombres ou $\frac{9}{4}x$, multipliée par la somme des deux autres ou $\frac{13}{6}y$, donne pour produit 3744; ainsi $\frac{117}{24}xy = 3744$; d'où $xy = 768$. Mais comme $3x = 4y$, on aura $\frac{4}{3}y^2 = 768$; d'où $y = 24$. On en déduit la valeur de $x = 32$. De sorte que les deux nombres en proportion comme 4 à 5 sont 32 et 40, et les deux autres en proportion comme 6 à 7 sont 24 et 28; tellement que leurs différences $32 - 24$ et $40 - 28$ sont entre elles comme 8 à 12 ou comme 2 à 3.

19. Soit la proportion $x : y = z : v$. La somme du premier, du second et du quatrième terme égale 65; d'où $x + y + v = 65$; celle du premier, du troisième et du quatrième égale 39; d'où $x + z + v = 39$. Soustrayant ces deux équations l'une de l'autre, on a $y - z = 26$. Ensuite le produit des quatre termes $xyzv$ égale 53361; mais comme $xv = yz$, la racine carrée de ce nombre donnera la valeur de xv ou de $yz = 231$. Connaissant ainsi $y - z = 26$ et $yz = 231$, on trouve $y = 33$ et $z = 7$; puis au moyen de $xv = 231$ et $x + v = 32$, on trouve $x = 11$ et $v = 21$; de sorte que les quatre termes de la proportion demandée sont $11 : 33 = 7 : 21$.

20. Dans toute proportion, la somme des deux premiers termes est à la somme des deux derniers, comme le premier est au troisième : or ces deux sommes étant 35 et 15, on aura pour rapport entre le premier et le troisième terme 35 : 15 ou 7 : 3. Désignant par x l'autre facteur de ces deux termes, on aura pour premier terme $7x$, et pour troisième $3x$; le second sera $35 - 7x$, et le quatrième $15 - 3x$. Les carrés des quatre termes seront $49x^2$, $49(5-x)^2$, $9x^2$ et $9(5-x)^2$. En les réunissant ensemble, on a pour somme $58x^2 + 58(5-x)^2 = 986$ ou $x^2 + (5-x)^2 = 17$. On en déduit $x = 4$ ou 1. Alors les quatre termes sont 28, 7, 12 et 3; ou bien 7, 28, 3 et 12.

Problèmes sur les Progressions arithmétiques

N° 33.

1. Soient a le premier terme et x la différence; les cinq termes de la progression seront a, $a + x$, $a + 2x$, $a + 3x$, $a + 4x$, et leur somme, exprimée par $5a + 10x$, égale 55; de sorte que $a + 2x = 11$. Mais $a + 2x$ étant le troisième terme, on pourra représenter les autres par $11 - 2x$, $11 - x$, $11 + x$ et $11 + 2x$, et en les élevant tous au carré, on aura pour somme $5 \times 121 + 10x^2 = 765$; d'où $x = 4$. Les termes de la progression sont par conséquent 3, 7, 11, 15 et 19.

2. Soient a le premier terme et x la différence : la progression sera a, $a + x$, $a + 2x$, $a + 3x$, et la somme $4a + 6x = 70$; d'où $2a + 3x = 35$. Le produit des deux premiers termes étant égal à 782, l'on aura $a^2 + ax = 782$. Si, dans cette équation, l'on substitue la valeur de x, on aura $a^2 + a \times \frac{1}{3}(35 - 2a) = 782$; d'où $a^2 + 35a = 2346$. On en déduit $a = 34$, puis $x = -11$; d'où la progression décroissante 34.23.12.1, dont les deux derniers termes multipliés entre eux donnent 12 pour produit.

3. Soit x le premier terme, le second sera $\frac{84}{x}$, le dernier $\frac{259}{x}$, et l'avant-dernier $\frac{1184x}{259}$ ou $\frac{32x}{7}$. La progression sera donc $x . \frac{84}{x} \ldots\ldots\ldots\ldots \frac{32x}{7} . \frac{259}{x}$; et comme dans toute progression la somme des termes également distants des extrêmes égale la somme des extrêmes, on aura l'équation $\frac{84}{x} + \frac{32x}{7} = x + \frac{259}{x}$; d'où $25x^2 = 1225$, $x = 7$. Le premier terme étant 7, le second sera $\frac{84}{7} = 12$, et la raison étant connue, on poursuivra jusqu'au dernier terme 37; de sorte que l'on aura 7.12.17.22.27.32.37.

4. Soit x la somme des quatre derniers termes. La somme des quinze termes sera $78 + 175 + x$, et comme le nombre des termes est impair, celui du milieu, ou le huitième, égalera la somme totale divisée par le nombre des termes, ou $\frac{253 + x}{15}$; de même le neuvième, qui est placé au milieu d'une série de cinq termes dont la somme égale 175, vaudra $\frac{175}{5}$ ou 35; et le sixième, qui est placé au milieu d'une série de onze termes dont la somme égale 253, vaudra $\frac{253}{11}$ ou 23. Comparant alors le neuvième avec le sixième terme, leur différence 12 divisée par le nombre de termes égale la raison; ainsi la raison $= \frac{12}{3} = 4$. Prenant alors la différence entre le huitième et le neuvième terme, on a $35 - \left(\frac{253 + x}{15}\right) = 4$; d'où $x = 212$, égale la somme des quatre derniers termes.

5. Prenant les deux formules (n° 116) $z = a + (n - 1)r$ et $S = \frac{1}{2}n\,(a + z)$, et substituant aux quantités littérales les valeurs données par le problème, savoir a (le premier terme) $= 1$, r (la différence) $= 1$, et S (la somme) $= 1176$, on trouve $z = n$, puis $n^2 + n = 2352$; on en déduit $n = 48$; c'est-à-dire qu'il faut prendre les 48 premiers nombres pour faire une somme égale à 1176.

6. En substituant dans les deux formules du n° 116, les valeurs $S = 2945$, $z = 185$ et $r = 6$, on trouve $a + 6n = 191$, et $an + 185n = 5890$. On en déduit $n = 31$. Puis $a = 5$. Le premier terme de cette progression était donc 5.

7. Soit a le premier terme. Dans la première série composée

de 7 termes, la somme $= 49$, ainsi $7(a+z) = 98$, z (le 7e terme) égale $14 - a$; et la raison $= \frac{z-a}{n-1} = \frac{14-2a}{6} = \frac{7-a}{3}$. Mais pareillement la somme du premier terme de la dernière série septenaire joint au dernier terme de la progression $= \frac{1302}{7}$ $= 186$, et la différence entre ces deux termes égale $(n-1)r$ $= \frac{6(7-a)}{3} = 14 - 2a$; le plus grand nombre ou le dernier terme vaudra $\frac{186+14-2a}{2} = 100 - a$. Donc le dernier terme joint au premier de toute la progression $= 100$; et comme l'on sait que la somme de tous les termes $= 2500$, on trouvera $n = \frac{5000}{100} = 50$. Il y a donc 50 termes. Substituant alors les valeurs dans la formule $z = a + (n-1)r$, on trouve $100 - a$ $= a + 49\left(\frac{7-a}{3}\right)$; d'où $a = 1$ et $z = 99$. Le dernier terme demandé est 99.

8. $2S = (a+z)n$, et $z = a + (n-1)r$. Dans ce problème $a = 12$, $n = 14$ et $r = 16 - 12 = 4$. On trouve $z = 64$, et $S = 532$. Il devait donc 532 francs.

9. D'après le n° 117, m étant le nombre de moyens à insérer, la raison $r = \frac{a}{m+1}$. Or $z = 47$, $a = 3$, et $m = 10$, d'où $r = 4$ et les dix termes intermédiaires entre 3 et 47 sont

7 . 11 . 15 . 19 . 23 . 27 . 31 . 35 . 39 . 43.

10. $2S = (a+z)n$, et $z = a + (n-1)r$. Dans ce problème, on connaît $S = 495$, $n = 15$ et $z = 3$. On aura $z + a = 66$, et $z - a = 42$; d'où $z = \frac{1}{2}(66 + 42) = 54$, et $a = \frac{1}{2}(66 - 42)$ $= 12$. Le premier paiement sera donc de 12 francs.

11. $2S = (a+z)n$ et $z = a + (n-1)r$. Ici l'on connaît $r = 3$, $z = 63$ et $n = 14$. Substituant ces valeurs, on trouve $a = 24$, et $S = 609$. Il a donc gagné la première année 24 francs, et pendant les quatorze ans 609 francs.

12. $2S = (a+z)\,n$ et $z = a + (n-1)z$. Dans cette question $a = 0,20$, $r = 0,10$ et $n = 32$. On trouve $z = 3,30$ et $S = 56$. D'où le cheval a coûté 56 francs.

13. Les voitures de sable devant être transportées d'une distance de 40 mètres, le voiturier devra faire, pour déposer la première, 40 mètres vers l'allée et 40 mètres de retour, ou 80 mètres ; pour déposer la seconde, il fera 6 mètres de plus, d'aller et de retour, c'est-à-dire $12 + 80 = 92$ mètres, et ainsi successivement 12 mètres de plus de voiture en voiture. Ainsi le premier terme de la progression est 80, la différence est 12, et le nombre de termes est 100. Substituant ces valeurs dans les formules $z = a + (n - 1)\,r$ et $2S = (a + z)n$, on trouve $z = 634$ mètres; et $S = 35700$. Le voiturier devra faire 35700 mètres.

14. $2S = (a + z)n$, et $z = a + (n - 1)z$. Dans ce problème, il faut ajouter pour la demi-heure qui sonne par un coup, l'unité au nombre de coups sonnés à chaque heure. Ainsi, pour chaque tour de l'horloge, le premier terme de la progression sera 2, le second 3, le troisième 4........., le dernier 13, de sorte que l'on connaît $a = 2, n = 12, z = 13$, d'où $S = 90$. Mais comme on demande le nombre de coups pour deux tours ou 24 heures, on aura $2S = 180$. L'horloge sonnera donc 180 coups.

15. Soit x le nombre de jours que met le cavalier pour rejoindre le voleur, $15 + x$ sera le nombre de jours qu'aura mis ce dernier pour se rendre du point de départ au point de réunion ; et comme il fait 10 kilomètres par jour, il aura parcouru $10\,(15 + x)$. De son côté, le cavalier fait 8 kilomètres le premier jour; 9 kilomètres le second, 10 kilomètres le troisième et ainsi de suite, tellement que l'étendue qu'il parcourt forme une progression dont le premier terme est 8, la raison 1 et le nombre des termes x. Appliquant ces valeurs aux deux formules du n° 116, on trouve $2S = 300 + 20x$ et $2S = (15 + x)x$; d'où $300 + 20x = 15x + x^2$. On en déduit $x = 20$. Le cavalier mettra vingt jours pour atteindre le voleur.

16. Cette question, analogue à la 13, est basée sur une progression arithmétique dont le premier terme est 40, la raison 8, et le nombre des termes 150. On aura donc $z = 40 + 149 \times 8 = 1232$, et $2S = 1272 \times 150 = 190800$, d'où $S = 95400$

L'ouvrier devra donc parcourir 95400 mètres, et comme on sait qu'il travaille 8 heures par jour, et qu'il fait 4000 mètres par heure, on divisera 95400 par 32000 pour trouver le nombre de jours qu'il emploiera à faire cet ouvrage, ce qui donne 2 jours $\frac{157}{160}$.

17. $z = a + (n-1)r$, et $2S = (a+z)n$. Dans ce problème, $S = 385$, $n = 11$ et $a : z = 3 : 11$. On en déduit $a + z = 75$, $a = 15$, et $z = 55$. La raison $z - a$ ou 40 divisé par $n - 1$ ou $10 = \frac{40}{10} = 4$. Ainsi les onze termes de la progression seront

15 . 19 . 23 . 27 . 31 . 35 . 39 . 43 . 47 . 51 . 55.

18. Soient x le premier terme, et r la différence; les quatre termes seront x, $x + r$, $x + 2r$, $x + 3r$; le produit du premier par le dernier sera $x^2 + 3rx = 85$; celui du second par le troisième $x^2 + 3rx + 2r^2 = 117$. Soustrayant la première équation de la seconde, on obtient $2r^2 = 32$, d'où $r = 4$. Puis on arrive à la valeur de $x = 5$, et les quatre termes sont 5 . 9 . 13 . 17.

19. Dans ce problème, basé sur une progression arithmétique, on connaît la somme des termes $= 13750$; la distance des arbres, qui est 5 mètres, mais qui doit être doublée parce que l'ouvrier la parcourt 2 fois pour procéder à l'arrosement de chaque arbre, d'où $r = 10$; enfin le dernier terme 520 mètres, chemin parcouru pour arroser le dernier arbre, en supposant que l'on soit retourné jusqu'à la source. Appliquant ces nombres aux formules $2S = (a+z)n$ et $z = a + (n-1)r$, on trouve $an + 520n = 27500$ et $a = 530 - 10n$. Substituant la valeur de a dans l'équation précédente, on obtient $n^2 - 105n = -2750$; d'où $n = 50$ et $a = 30$. Il y avait 50 arbres à arroser; et comme la distance pour arriver de la source au premier arbre a été calculée deux fois dans la progression, cette distance égale $\frac{30}{2} = 15$ mètres.

20. Soit x la distance demandée. La bombe ayant mis autant de temps à monter qu'à descendre, elle aura employé 5 secondes dans sa chute, et comme un corps qui tombe librement parcourt dans la première seconde de sa chute une distance de 4,9045 que nous désignerons par m, les espaces parcourus pendant les autres secondes seront, suivant les principes établis : $3m$, $5m$, $7m$ et $9m$, tellement que le premier terme sera m, le dernier $9m$, et le nombre des termes 5. Alors $2S = (m + 9m)5$, d'où $S = 25m$ $= 122$ mètres 61 centimètres. Il est à remarquer que les espaces parcourus par les corps dans leur chute sont en raison du carré des temps.

Problèmes sur les Progressions géométriques

N° 34.

1. Soit x le premier terme de la progression, xq^2 sera le troisième, et comme celui-ci égale 16 fois le premier, on a $xq^2 = 16x$, d'où $q^2 = 16$, $q = 4$. On dit en outre que le cinquième terme, ou $xq^4 = 1280$, on aura $x = \frac{1280}{256} = 5$. Pour trouver le huitième terme, on cherche $xq^7 = 81920$, nombre demandé.

2. D'après les données de la question, le cinquième terme, ou $aq^4 = 9$, et le huitième, ou $aq^7 = 72$. Divisant terme à terme ces deux équations l'une par l'autre, on trouve $q^3 = 8$, d'où $q = 2$. La raison est 2. Substituant cette valeur dans $aq^4 = 9$, on obtient $a = \frac{9}{16}$. Le premier terme est donc $\frac{9}{16}$ et les autres sont $\frac{9}{8}$, $\frac{9}{4}$, $\frac{9}{2}$, $9 \ldots$

3. Soit m le nombre de moyens à insérer, qui dans cette circonstance égale 6. D'après le n° 121, la raison $q = \sqrt[m+1]{\frac{z}{a}}$. On connaît en outre $z = 9058973$ et $a = 11$. On en déduit $q = \sqrt[7]{823543}$, ce qui, d'après la table des puissances, donne $q = 7$. Connaissant alors le premier terme 11 et la raison 7, il est facile de trouver les autres termes qui sont...............
77 : 539 : 3773 : 26411 : 184877 : 1294139 : 9058973.

4. $z = aq^{n-1}$. Dans ce problème, basé sur une progression géométrique, $a = 8$, $q = 8$ et $n = 16$. Substituant ces valeurs, on trouve $z = 281474976710656$, qui est le nombre des personnes engendrées pendant le 16e siècle.

5. $z = aq^{n-1}$ et $S(q-1) = zq - a$. Dans ce problème, on connaît $a = 0{,}02$, $q = 2$ et $n = 12$. On en déduit $z = 40{,}96$, et $S = 81{,}90$. Le père a dû payer pour les 12 leçons, 81 fr. 90 c.

6. Soit la progression $a : aq : aq^2 : aq^3 : aq^4$; la somme de ces termes $= 242$, et la somme des deux extrêmes divisée par le troisième, donne pour quotient $9\frac{1}{9}$ ou $\frac{a + aq^4}{aq^2} = \frac{82}{9}$. On en déduit $q^4 - \frac{82}{9} q^2 + 1 = 0$; d'où $q^2 = \frac{81}{9}$, puis $q = 3$. Substituant cette valeur dans la formule $S(q-1) = aq^5 - a$ ou $242 \times 2 = a(243 - 1)$, on en déduit $a = 2$; et la progression est..... $2 : 6 : 18 : 54 : 162$.

7. $z = aq^{n-1}$ et $S(q-1) = zq - a$. Dans ce problème, on connaît $a = 2400$, $q = 4$ et $n = 5$. On en déduit $z = 614400$, puis $S = 818400$ francs.

8. Soient a le premier terme, q la raison et n le nombre des termes de la progression; le dernier terme sera aq^{n-1}; et la somme des extrêmes $a + aq^{n-1}$ égalera 730; de plus, la différence entre ces mêmes extrêmes, ou $aq^{n-1} - a$, étant augmentée de la raison, donne 731 ou $aq^{n-1} - a + q = 731$. Comparant ces deux équations entre elles, on trouve $a = \frac{1}{2}(q-1)$; puis substituant cette valeur et celle de la somme 1093, dans la formule $S(q-1) = aq^n - a$, on obtient $1093(q-1) = \frac{1}{2}(q-1)(q^n - 1)$. Simplifiant ce résultat en divisant les deux membres par $q - 1$, on trouve $q^n = 2187$. On en déduit que $q^{n-1} = \frac{2187}{q}$, et en substituant cette valeur et celle de $a = \frac{1}{2}(q-1)$ dans l'équation $aq^{n-1} - a = 730$, on obtient $q^2 + 726q = 2187$; ce qui conduit à $q = 3$; alors $a = \frac{1}{2}(q-1) = 1$; et n se trouve, par la table des puissances, égal à 7. Les sept termes de la progression sont donc : $1 . 3 : 9 : 27 : 81 : 243 : 729$, dont la somme fait exactement 1093.

9. Soit x le nombre de secondes que met le caillou pour tomber dans le précipice; $20 - x$ sera le nombre de secondes que met le son pour remonter jusqu'à l'ouverture. Par suite des lois de la physique, les espaces parcourus par les corps dans leur chute sont proportionnels aux carrés des temps, de sorte que le corps parcourant 4 mètres 9045 la première seconde, parcourra $4{,}9045 \times x^2$ dans sa chute; mais le son parcourant 340 mètres par seconde, parcourra pour remonter $340\ (20 - x)$. Les deux distances étant égales, on aura pour équation $4{,}9045 x^2 = 340\ (20 - x)$; d'où l'on tire $x = 16\frac{21}{100}$, à un centième près. Le temps que met donc le son égale $20 - 16{,}21 = 3{,}79$; et ce temps, multiplié par 340 mètres, donne pour la profondeur du précipice 1288 mètres 60 centimètres.

10. Si l'on désigne le premier terme de la progression par a, la raison par q et l'avant-dernier terme par z, on aura pour second terme aq, et pour dernier terme zq. Puis appliquant les données du problème à ces quantités, le produit des extrêmes $azq = 576$; la somme des carrés des deux premiers termes $a^2 + a^2q^2 = 45$; et la somme des carrés des deux derniers $z^2 + z^2q^2 = 46080$. On tire de ces deux dernières équations $45z^2 = 46080a^2$ ou $z = 32a$. Substituant cette valeur dans $azq = 576$, on a $a^2q = 16\frac{576}{32} = 18$, d'où $a^2 = \frac{18}{q}$. Substituant cette valeur dans l'équation $a^2 + a^2q^2 = 45$, on obtient $18 + 18q^2 = 45q$, ou $2q^2 - 5q + 2 = 0$; d'où $q = 2$. Alors $a^2 = 9$ ou $a = 3$; et substituant ces valeurs dans l'équation $azq = 579$, on obtient $z = 96$. Le dernier terme zq égale donc $2 \times 96 = 192$. Les deux extrêmes demandés sont par conséquent 2 et 192.

11. $z = aq^{n-1}$. Dans cette question, a ou le premier terme égale 10000; z ou le dernier égale 14641; et n le nombre de termes égale 5. Substituant ces valeurs dans la formule, on obtient $q^4 = 1{,}4641$; d'où $q^2 = 1{,}21$, et $q = 1{,}1$. L'accroissement est donc d'un dixième.

12. Soient x le premier terme, et q la raison; les trois premiers termes seront $x : xq : xq^2$; et les trois derniers, $132 - xq^2 : 258 - xq : 513 - x$. On en déduira les proportions $x : xq = 132$

$-xq^2 : 258 - xq$ et $x : xq = 258 - xq : 513 - x$. Divisant le premier rapport de chacune d'elles par x, on obtient $1 : q = 132 - xq^2 : 258 - xq$ et $1 : q = 258 - xq : 513 - x$; d'où les deux équations $258 - xq = 132q - xq^3$ et $513 - x = 258q - xq^2$. Multipliant la dernière par q, et en soustrayant la première, il reste $258q^2 - 645q + 258 = 0$ ou $q^2 - \frac{5}{2}q + 1 = 0$; d'où $q = 2$. Substituant cette valeur dans l'une ou l'autre des équations, on trouve $x = 1$, le dernier terme est $513 - 1 = 512$. Connaissant ainsi le premier et le dernier terme ainsi que la raison, on trouve $S = \frac{512 \times 2 - 1}{2 - 1} = 1023$; mais la somme des trois premiers et des trois derniers termes égale $513 + 258 + 132 = 903$: la somme des termes intermédiaires sera donc $1023 - 903 = 120$.

13. $z = aq^{n-1}$. Dans ce problème, basé sur une progression géométrique, le premier terme $= 3$, la raison $= 2$ et le nombre de termes $= 10$. Substituant ces valeurs dans la formule, on trouve $z = 1536$. Elle a donc perdu la dernière fois 1536 francs.

14. Soient a le premier terme, et q la raison; la progression sera $a : aq : aq^2 \ldots\ldots$ La somme du premier et du troisième terme sera $a + aq^2 = 40$, la différence entre ces termes sera $aq^2 - a = 32$. Le plus petit nombre égale alors la moitié de la somme moins la moitié de la différence; ainsi $a = \frac{1}{2}(40 - 32) = 4$; et $a + aq^2 = 40$ donne $4 + 4q^2 = 40$, d'où $q = 3$. Pour savoir la valeur du neuvième terme, il faut appliquer ces nombres à la formule $z = aq^8$; élevant 4 à la huitième puissance et multipliant par a, on trouve pour le terme cherché 196608.

15. Soient a le premier terme et q la raison. Si l'on considère les quatre premiers termes, leur somme sera (nº 119) $\frac{a(q^4 - 1)}{q - 1}$; et si l'on considère les quatre derniers, leur somme sera $\frac{aq(q^4 - 1)}{q - 1}$. Faisant le premier résultat égal à 1020, et le second égal à 255, puis divisant la première équation par la seconde, et simplifiant le résultat, on obtient $a = 4aq$, d'où $q = \frac{1}{4}$. Substituant cette valeur dans l'une ou l'autre des équations, on obtient $a = 768$; puis $aq = 192$, $aq^2 = 48$, $aq^3 = 12$, et $aq^4 = 3$; ce qui forme la progression décroissante 768 : 192 : 48 : 12 : 3.

16. Soit x le terme du milieu, $3780 - x$ sera le dernier, et comme dans une progression d'un nombre impair de termes, le terme du milieu est moyen proportionnel entre deux termes équidistants, on aura $x^2 = (3780 - x)(140 - x)$, d'où $x = \frac{3780 \times 140}{3780 + 140} = 135$. Le terme du milieu est donc 135; le premier égale $140 - 135 = 5$, et le dernier $3780 - 135 = 3645$. Soit maintenant la raison $= q$, on aura $S = \frac{3645q - 5}{q - 1}$, et cette somme diminuée de la raison égale 5462, donc $\frac{3645q - 5}{q - 1} - q = 5462$; on en déduit $q = 3$. Puis substituant cette valeur dans $z = aq^{n-1}$, on trouve $3^{n-1} = 729$, d'où $n = 7$. Connaissant ainsi a, q, n et z, on trouve $S = 5465$.

17. Soit $a : aq : aq^2 : aq^3$ la progression demandée. D'après les conditions du problème, on aura $aq^2 - aq - a = 2$ et $aq^3 - aq^2 - aq = 4$. Multipliant toute la première équation par q, on obtient $aq^3 - aq^2 - aq = 2q$; de sorte que $2q = 4$ et $q = 2$. Substituant cette valeur dans $aq^2 - aq - a = 2$, on obtient $a = 2$; et la progression demandée est 2 : 4 : 8 : 16.

18. Le nombre des grains de blé demandés pour récompense égale évidemment la somme des termes d'une progression dont $a = 1$, $q = 2$ et $n = 64$. Substituant ces nombres dans la formule $S = \frac{aq^n - a}{q - 1}$, on trouve pour résultat 18446744073709551615 grains.

19. Dans la progression décroissante qui fait l'objet de cette question, on connaît $a = 162$, $q = \frac{1}{3}$ (puisque la perte est de $\frac{2}{3}$ de la vitesse par minute), $S = 242$. Appliquant ces nombres à la formule $S(q - 1) = aq^n - a$, on trouve $q^n = \frac{1}{243}$; et puisque q représente $\frac{1}{3}$, il s'agit de trouver à quelle puissance de 3 répond le nombre 243. La table de la page 115 indique que c'est la cinquième puissance, de sorte que la barque a marché 5 minutes.

20. Le nombre de pigeons produits chaque année par un pigeon femelle étant 8, le premier terme de la progression sera 8; de ces 8 pigeons, quatre seulement produisent chacun 8, de sorte que pendant la seconde année le nombre de pigeons produits sera $8 + 4 \times 8 = 40$; et chaque année le nombre des pigeons produits sera 8 plus 4 fois ceux qui ont été produits l'année précédente : la troisième année on aura.............. $8 + (8 + 4 \times 8)\,4 = 8 + 8 \times 4 + 8 \times 4^3 = 168$; la quatrième on en aura $8 + 8 \times 4 + 8 \times 4^2 + 8 \times 4^3 = 680$; la cinquième $8 + 8 \times 4 + 8 \times 4^2 + 8 \times 4^3 + 8 \times 4^4 = 2728$; et la dixième année, $8 + 8 \times 4 + 8 \times 4^2 + 8 \times 4^3 + \ldots\ldots 8 \times 4^9$; de sorte que le nombre total de pigeons produits chaque année forme la somme d'une progression dont $a = 8$, $q = 4$ et $n' =$ la quantième année. Cherchant toutes les sommes et les ajoutant ensemble, on trouve pour total 3728240 pigeons.

Récapitulation sur les deux sortes de Progressions

N° 35.

1. Le premier terme et la raison étant les mêmes de part et d'autre, soit $a \,.\, a + r \,.\, a + 2r \,.\, a + 3r$ la progression arithmétique, et $a : ar : ar^2 : ar^3$, la progression géométrique; la somme des termes de la dernière $= a + ar + ar^2 + ar^3$, et cette somme équivaut, d'après la question, à $40a$. Divisant les deux membres par a, on obtient $1 + r + r^2 + r^3 = 40$, ce que l'on peut décomposer en $(r^2 + 1)(r + 1) = 40$, et ce qui revient à trouver deux facteurs de 40, qui étant diminués de l'unité soient l'un le carré et l'autre la racine. La décomposition de 40 en ses facteurs 2×20, 4×10, 5×8, ne remplit cette condition que dans la combinaison 4×10, qui donne $4 - 1 = \sqrt{10 - 1}$; ainsi $r = 4 - 1 = 3$, et $r^2 = 10 - 1 = 9$. On veut en outre que la somme des termes de la progression arithmétique égale 2 fois le second terme de la progression géométrique, on aura donc $4a + 6r = 2ar$ ou $2a + 3r = ar$; substituant à r sa valeur 3, on obtient $2a + 9$

$= 3a$ ou $a = 9$. Les deux progressions sont par conséquent... $9.12.15.18$ et $9:27:81:243$.

2. Soit x le premier terme de la progression dont il s'agit, et qui, ayant pour raison 1, sera $x \,.\, x+1 \,.\, x+2 \,.\, x+3$. Le carré de chaque terme égalant successivement la moitié, le tiers, le quart et le cinquième des quatre parties du nombre 510, si l'on désigne ces quatre parties par a, b, c et d, on aura $2x^2 = a-2$, $3(x+1)^2 = b-3$, $4(x+2)^2 = c-4$, et $5(x+3)^2 = d-5$. Développant ces équations et les ajoutant entre elles, on aura $14x^2 + 52x = a + b + c + d - 78$; puis substituant 510 à la somme $a + b + c + d$, on aura $14x^2 + 52x = 432$; d'où $x = 4$. On trouvera facilement les valeurs des quatre nombres : $a = 34$, $b = 78$, $c = 148$ et $d = 250$.

3. Soient x le premier terme, et r la raison de la progression arithmétique; elle sera composée de $x.x+r.x+2r.x+3r$, et en ajoutant respectivement à chaque terme les nombres 1, 5, 25 et 93, on aura pour la progression géométrique............ $x+1 : x+r+5 : x+2r+25 : x+3r+93$. Or, dans toute progression géométrique, un terme est moyen proportionnel entre le précédent et le suivant, on aura donc $(x+r+5)^2 = (x+1)(x+2r+25)$, d'où l'on tire $r^2 + 8r = 16x$; puis $(x+2r+25)^2 = (x+r+5)(x+3r+93)$, d'où l'on tire $r^2 - 8r + 160 = 48x$. Soustrayant l'une de l'autre les deux équations résultantes, on trouve $r = 10 - 2x$, ou $x = 5 - \frac{1}{2}r$. Combinant ce résultat avec l'équation $r^2 + 8r = 16x$, on trouve $r = 4$; d'où $x = 3$. De sorte que la progression arithmétique demandée est $3.7.11.15$.

4. Soient x le premier terme de chaque progression, et r la raison de la progression arithmétique. On aura pour cette dernière $x.x+r.x+2r.x+3r$, et pour la progression géométrique $x : \frac{3}{2}(x+r) : \frac{12}{5}(x+2r)$ .... Le second terme étant moyen proportionnel entre le premier et le troisième, on aura $\frac{9}{4}(x+r)^2 = \frac{12}{5}(x+2r)x$, d'où l'on tire $15r^2 = x^2 + 2xr$. Ajoutant r^2 à chaque membre de cette équation, puis extrayant la racine carrée, on trouve $4r = x + r$ ou $x = 3r$. Substituant cette valeur dans la progression géométrique, elle devient $3r : 6r : 12r \ldots\ldots$ et le quatrième terme est nécessairement $24r$. Mais comme la somme des termes extrêmes égale 81, on aura $27r = 81$, d'où $r = 3$ et $x = 3r = 9$. La progression arithmétique est donc $9 . 12 . 15 . 18$; et la progression géométrique $9 : 18 : 36 : 72$.

5. Pour remplir la tâche qu'il avait entreprise, le jeune homme devait d'abord aller déposer un franc au pied du premier arbre, et revenir ensuite à sa place pour y prendre le franc destiné au second arbre. Il devait pour cela parcourir 2×2 ou 4 mètres. Les arbres étant éloignés de 6 mètres, le chemin à faire pour déposer le second franc était de 8 mètres pour aller et revenir, ensemble 16 mètres. Pour le troisième franc, il fallait faire $14 + 14$ ou 28 mètres, et ainsi jusqu'au centième arbre : ce qui établit une progression arithmétique de cent termes, dont le premier est 4 et dont la différence est 12 mètres. La somme $\frac{1}{2}n(a + z)$ se trouvera après avoir cherché $z = a + (n - 1)$ $r = 4 + (99 \times 12) = 1192$. On obtient $S = 50(4 + 1192) = 59800$ mètres ou 59 kilomètres $\frac{4}{5}$; distance de plus de onze lieues, qu'un piéton ne saurait absolument parcourir en deux heures. Le jeune homme ne pouvait donc pas gagner son pari.

6. Soient x le premier terme de la progression géométrique et q la raison de cette progression, on aura pour les quatre termes $x : xq : xq^2 : xq^3$. Si l'on ôte respectivement les nombres 2, 5, 9 et 16 de ces quatre termes, on aura pour la progression arithmétique $x - 2 . xq - 5 . xq^2 - 9 . xq^3 - 16$. Or dans toute progression par différence, chaque terme est moyen arithmétique entre le précédent et le suivant; on tirera donc de la dernière progression, les deux équations $2(xq - 5) = xq^2 - 9 + x - 2$ et $2(xq^2 - 9) = xq^3 - 16 + xq - 5$. La première se réduit à $xq^2 - 2xq + x = 1$, et la seconde à $xq^3 - 2xq^2 + xq = 3$, et divisant celle-ci par l'autre, on obtient $q = 3$. Ensuite substituant cette valeur dans $xq^2 - 2xq + x = 1$, on trouve $x = \frac{1}{4}$.

La progression géométrique est donc $\frac{1}{4} : \frac{3}{4} : \frac{9}{4} : \frac{27}{4}$;

et si l'on en retranche 2, 5, 9 et 16, ou $\frac{8}{4}, \frac{20}{4}, \frac{36}{4}, \frac{64}{4}$,

on a pour progression arithmétique $-\frac{7}{4} \cdot -\frac{17}{4} \cdot -\frac{27}{4} \cdot -\frac{37}{4}$.

7. Soit l'une des progressions $x : xq : xq^2 : xq^3$, l'autre sera d'après les conditions du problème $x + 2 : xq + 16 : xq^2 + 98 : xq^3 + 544$; et comme dans toute progression un terme est moyen proportionnel entre les deux termes voisins, on aura l'équation $(xq + 16)^2 = (x + 2)(xq^2 + 98)$, d'où $x(q^2 - 16q + 49) = 30$. De même le produit des extrêmes étant égal à celui des moyens, on trouvera $(x + 2)(xq^3 + 554) = (xq + 16)(xq^2 + 98)$; d'où $x(q^3 - 8q^2 - 49q + 272) = 240$. Multipliant la 1re équation obtenue par 8, on obtient $x(8q^2 - 128q + 392) = 240$; et comparant ce résultat avec la dernière équation, on en déduit

$$q^3 - 8q^2 - 49q + 272 = 8q^2 - 128q + 392;$$

d'où $q^3 - 16q^2 + 79q = 120$, ou $q^3 - 16q^2 + 79q - 120 = 0$. Les racines de cette équation devant avoir pour termes des facteurs de q^3 et de 120, on essaie la division par $q - 3$; ce qui donne au quotient $q^2 - 13q + 40$; ou bien par $q - 5$, ce qui donne au quotient $q^2 - 11q + 24$, ou encore par $q - 8$, ce qui donne pour résultat $q^2 - 8q + 15$. Supposant alors $q - 3, q - 5, q - 8 = 0$, on trouve pour valeurs correspondantes de x, 3, — 6 et — 15, de sorte que la première valeur donne seule un résultat entier et positif. On connaît donc le premier terme et la raison de la première progression, qui devient 3 : 9 : 27 : 81. Puis ajoutant respectivement à chacun de ces nombres 2, 16, 98, 544, on obtient pour seconde progression 5 : 25 : 125 : 625.

8. Soient x et z les extrêmes de la progression arithmétique; ceux de la progression géométrique seront, d'après la question, $x + 8$ et $z + 8$. De plus on sait que la différence entre les extrêmes de la première = 1248, et que la somme des extrêmes de la seconde = 1252. On aura donc $z - x = 1248$ et $x + z + 16 = 1252$. On en déduit $z = 1242$ et $x = 1242 - 1248 = -6$. Connaissant ainsi le premier et le dernier terme, ainsi que le nombre des termes qui est 5, on trouvera la raison de la progression arithmétique $r = \frac{1248}{4} = 312$. Mais de ce que — 6 et

1242 sont les extrêmes de la progression arithmétique, il s'ensuit que $-6+8$ et $1242+8$, ou 2 et 1250, sont ceux de la progression géométrique, et comme q^4 ou la raison égale le produit des deux extrêmes, on aura pour q la valeur $\sqrt[4]{\frac{1250}{2}}=5$. De sorte que la progression arithmétique sera................ $-6 . 306 . 618 . 930 . 1242$; et la progression géométrique $2:10:50:250:1250$.

9. Soient x le premier terme de la progression arithmétique, et r la raison. Les trois termes de cette progression seront $x . x+r . x+2r$; et ce dernier terme sera aussi le dernier de la progression géométrique, qui a, d'après les données du problème, la même raison r; ainsi les trois termes de la progression géométrique seront $\frac{x+2r}{r^2}:\frac{x+2r}{r}:x+2r$; et comme les deux progressions ont pour somme 31, on aura l'équation $4x+5r+\frac{x+2r}{r^2}+\frac{x+2r}{r}=31$. D'un autre côté, quand on divise la progression arithmétique par la progression géométrique, les quotients doivent former une progression arithmétique; on aura donc pour cette progression les trois quotients $\frac{xr^2}{x+2r}\cdot\frac{xr+r^2}{x+2r}\cdot\frac{x+2r}{x+2r}$. Or, dans toute progression arithmétique, le terme moyen égale la somme des deux termes voisins; ainsi on aura la moitié $2xr+2r^2=xr^2+x+2r$, ou $xr^2-r^2-2xr+2r+x=r^2$. En ajoutant -1 à chaque membre de cette équation, l'on obtient $(x-1)(r^2-2r+1)=r^2-1$, ou bien $(x-1)(r-1)(r-1)=(r+1)(r-1)$. Divisant les deux membres par $r-1$, on obtient $(x-1)(r-1)=r+1$, d'où $x=1+\frac{r+1}{r-1}=\frac{2r}{r-1}$. Si l'on remplace cette valeur dans la somme des termes des deux progressions, on aura après toutes réductions faites, $5r^2-26r=-33$; d'où l'on tire $r=3$. La raison des deux progressions est donc 3, et x le premier terme de la progression arithmétique $=\frac{2\times 3}{3-1}=3$. Les autres termes de cette progression sont donc 6 et 9; et 9 étant le dernier terme de la progression géométrique dont la raison est 3, les autres termes seront 1 et 3.

On aura donc pour les deux progressions 3.6.9 et 1.3.9, dont la somme égale 31, et dont les quotients $\frac{3}{1}$, $\frac{6}{3}$ et $\frac{9}{9}$ égalent 3.2.1, ce qui forme encore une progression arithmétique conformément aux conditions du problème.

10. Soient $2x$ la somme des moyens et $2y$ la différence des mêmes moyens, on aura pour premier moyen $x - y$, et pour second $x + y$; et comme dans toute progression géométrique chaque terme est moyen proportionnel entre le suivant et le précédent, le premier terme sera $\frac{(x-y)^2}{x+y}$ et le quatrième sera $\frac{(x+y)^2}{x-y}$. Réunissant ces quatre quantités, on aura pour la somme des quatre termes : $\frac{4x(x^2+y^2)}{x^2-y^2}$. Si l'on élève ces quatre termes au carré, on aura pour la somme des carrés des moyens $2(x^2 + y^2)$, et pour la somme des carrés des extrêmes $\frac{(x+y)^6+(x-y)^6}{(x^2-y^2)^2}$, ce qui revient à $\frac{2(x^2+y^2)(x^4+14x^2y^2+y^4)}{(x^2-y^2)^2}$. Réunissant les carrés des quatre termes, on aura pour somme : $\frac{4(x^2+y^2)(x^4+6x^2y^2+y^4)}{(x^2-y^2)^2}$. Soient maintenant, pour résoudre cet intéressant problème d'une manière générale, la somme des termes $= 4a$, et la somme des carrés $= 16b$; on aura pour équations : $\frac{4x(x^2+y^2)}{x^2-y^2} = 4a$; et $\frac{4(x^2+y^2)(x^4+6x^2y^2+y^4)}{(x^2-y^2)^2} = 16b$. On tire de la première $\frac{x^2+y^2}{x^2-y^2} = \frac{a}{x}$, et si l'on substitue cette valeur dans la seconde, on obtient $\frac{a(x^4+6x^2y^2+y^4)}{x(x^2-y^2)} = 4b$ (M). Si l'on prend ensuite la valeur de y dans la première équation, on obtient $y^2 = x^2\left(\frac{a-x}{a+x}\right)$; et en substituant cette valeur à y^2 dans l'équation (M), on arrive à celle-ci : $ax^2 + 2bx = 2a^3 - 2ab$; d'où $x = -\frac{b}{a} \pm \frac{\sqrt{(2a^4 - 2a^2b + b^2)}}{a}$.

Faisant maintenant $a = 15$ et $b = 85$, on aura pour valeur de $x = 12$, et $2x = 24$; soustrayant cette valeur de $4a = 60$, il reste 36 pour les deux extrêmes; de plus $y = 4$ et $2y = 8$. Connaissant ainsi la somme 24 et la différence 8 des deux moyens, on trouve leurs valeurs respectives 8 et 16; et les deux extrêmes sont 4 et 32, de sorte que la progression est 4 : 8 : 16 : 32, dont la somme des termes est 60, et celle des carrés égale 1360.

Dans la progression demandée $4a = 45$ et $16b = 765$; on aura $a = \frac{45}{4}$, $b = \frac{765}{16}$; d'où on tirera $x = 9$, $2x = 18$ (somme des moyens); la somme des extrêmes sera 27; on trouvera ensuite $y = 3$; $2y = 6$; puis on en déduira les deux moyens 6 et 12, puis les deux extrêmes 3 et 24; et la progression demandée est 3 : 6 : 12 : 24.

Problèmes à résoudre par les Logarithmes

N° 36.

1. $S = \frac{(aq^n - 1)}{q - 1}$. Substituant dans cette équation les valeurs connues $S = 9331$, $a = 1$ et $q = 6$, on obtient $5 \times 9331 = 1$ $(6^n - 1)$ ou $6^n = 46656$; d'où l'on fait $n \times \log. 6 = \log. 46656$, ce qui donne $n = \frac{\log. 46656}{l.\ 6} = \frac{4{,}66890}{0{,}77815} = 6$. Il y a donc 6 termes dans cette progression, savoir :

1 : 6 : 36 : 216 : 1296 : 7776.

2. $z = aq^{n-1}$. Substituant dans cette équation les valeurs connues $a = 3$, $q = 2$ et $n = 12$, on obtient $z = 3 \times 2^{11}$. Or la 11ᵉ puissance de 2 a pour logarithme $11 \times \log. 2$, ou 3,31133, ce qui correspond au nombre 2048; ainsi $z = 3 \times 2048 = 6144$, qui est le douzième terme de la progression proposée.

3. $z = aq^{n+1}$ (n° 121). Substituant dans cette équation les valeurs connues de z, a et m, on obtient $5535 = 96 \times q^{10}$ ou $q = \sqrt[10]{\frac{5535}{96}}$ ou $\log. q = \frac{l.\ 5535 - l.\ 96}{10} = 0{,}17609$, nombre correspondant à la différence entre log. 3 et log. 2 ou à $\frac{15}{10}$, d'où la raison $q = \frac{3}{2}$. Ainsi les termes de la progression demandée seront 96 : 144 : 216 : 324 : 486 : 729 : 1093,5 : 1640,25 : 2460,375 : 3690,5625 : 5535,84375.

4. Soit x l'intérêt annuel de cent francs; au bout d'un an, la somme prêtée vaudra $\frac{100+x}{100}$ de la somme; au bout de deux ans, $\left(\frac{100+x}{100}\right)^2$; et au bout de 10 ans, $\left(\frac{100+x}{100}\right)^{10}$ du capital. Si l'on désigne $\frac{100+x}{100}$ par r, on aura dans le problème proposé, $r^{10} \times 6500 = 9500$ ou $10 \times \log. r = \log. 9500 - \log. 6500$; d'où $\log. r = \frac{l.\ 9500 - l.\ 6500}{10} = \frac{3{,}97772 - 3{,}81291}{12} = 0{,}01648$; ce qui correspond au nombre 1,038. Ainsi r ou $\frac{100+x}{100} = 1{,}038$, et $x = 3{,}8$. Le taux serait donc de $3\frac{8}{10}$ ou $3\frac{4}{5}$ pour cent.

5. Le taux étant à cinq pour cent, le capital s'est accru chaque année de $\frac{5}{100}$ et est devenu successivement $10000 \times \frac{105}{100}$, $10000 \times \left(\frac{105}{100}\right)^2 \ldots\ldots\ldots 10000 \left(\frac{105}{100}\right)^n$, somme égale à 43219 francs. Appliquant à ce résultat le calcul des logarithmes, on obtient $n(\log. 105 - \log. 100) = \log. 43219 - \log. 10000$; d'où........ $n = \frac{l.\ 43219 - l.\ 10000}{l.\ 105 - l.\ 100} = \frac{4{,}63567 - 4{,}00000}{0{,}02119} = 29{,}99$ ou 30 approximativement. Il a donc fallu placer ce capital pendant 30 ans.

6. Soit x le capital; à 6. p. °/ₒ cette somme devient après la première année $\frac{106}{100}x$; et après 5 ans, $\left(\frac{106}{100}\right)^5 x$. Ainsi l'on demande que $\left(\frac{106}{100}\right)^5 x = 33455$ francs 65 centimes. Appliquant à cette équation le calcul des logarithmes, on a $\log. \left(\frac{106}{100}\right)^5 = 5 \times 0{,}12655$, dont le nombre naturel est 1,33822.

Ainsi $1{,}33822x = 33455{,}55$; d'où $x = 25000$ francs.

7. Soit x la somme demandée; l'intérêt étant à 25 p. °/ₒ, le capital devient après la première année $\frac{125}{100}$ de ce qu'il était primitivement; et au bout de 17 ans, il est $\left(\frac{125}{100}\right)^{17}$ du capital primitif. Ainsi l'on a $\left(\frac{125}{100}\right)^{17} \times 1280 = x$. En évaluant d'après les logarithmes la 17e puissance de $\frac{125}{100}$ ou $\frac{5}{4}$, l'on a 17 (0,69897 — 0,60206) = 1,64747, ce qui répond au nombre 44,41, de sorte que $x = 1280 \times 44{,}41 = 56844$ francs 80 centimes.

8. Soient q l'accroissement annuel, et a la population primitive : au bout d'un an, la population sera $a(1+q)$; au bout de 2 ans, elle sera de $a(1+q)^2$......et au bout de 25 ans, elle sera $a(1+q)^{25}$. Or on dit que durant cet espace de temps la population a doublé; ainsi $a(1+q)^{25} = 2a$, ou $(1+q)^{25} = 2$, ce qui donne log. $(1+q) = \frac{l.\,2}{25} = 0{,}01204$. Le nombre naturel correspondant est 1,028; de sorte que $1 + q = 1{,}028$, et la population s'est accrue de $\frac{28}{1000}$ annuellement.

9. Soit x le nombre d'années : si la population augmente annuellement d'un nonantième, elle est après chaque année de $\frac{91}{90}$ de ce qu'elle était au commencement, et au bout de x années, elle est devenue $\left(\frac{91}{90}\right)^x$ de ce qu'elle était d'abord. Or on dit qu'elle est triplée. Ainsi soit a la population primitive; au bout de x années elle devient $a\left(\frac{91}{90}\right)^x = 3a$. On en tire $\left(\frac{91}{90}\right)^x = 3$, ou (log. 91 — log. 90) x = log. 3 : ce qui donne (1,95904 — 1,95424) $x = 0{,}47712$; d'où $x = 99{,}4$. Il faudra donc 99 ans et 4 dixièmes.

10. Soit a la population de cette ville il y a 100 ans; son augmentation annuelle étant d'un quarantième, l'expression de la population actuelle sera $a\left(\frac{41}{40}\right)^{100}$; et comme cette population est de 800000 âmes, on a $\left(\frac{41}{40}\right)^{100} \times a = 800000$. Prenant à l'aide des logarithmes la valeur de $\left(\frac{41}{40}\right)^{100}$, on trouve pour résultat 11,803; de sorte que l'on a $11{,}803\, a = 800000$, d'où $a = 67779$.

11. Soit x le taux de l'intérêt. La somme de 10000 francs que l'on paie immédiatement vaudrait après 12 ans $10000\left(\frac{100+x}{100}\right)^{12}$; or cette valeur représente un capital de 20122 francs : on aura donc $10000\left(\frac{100+x}{100}\right)^{12} = 20122.$

Faisant $\frac{100+x}{100} = r$, on a $10000r^{12} = 20122$;

d'où $\log. r = \frac{l.\,20122 - l.\,10000}{12} = 0{,}02530$, dont le nombre naturel est 1,06. Ainsi $\frac{100+x}{100} = 1{,}06$, ou $x = 6$ p. %.

12. Une somme actuelle de 10000 francs portant intérêt à 6 pour cent, vaudrait en cumulant les intérêts pendant 20 ans, $\left(\frac{106}{100}\right)^{20} \times 10000$; réciproquement une somme de 10000 francs payable seulement dans 20 ans, ne vaut à ce jour que $\left(\frac{100}{106}\right)^{20} \times 10000$: tel est donc le capital que l'on veut convertir en rente perpétuelle à 6 pour %. Traitant ce résultat par les logarithmes, on trouve $\log. 10000 - 20 \times \log. \frac{106}{100} = 4 - 0{,}50620 = 3{,}49388$, dont le nombre naturel est 3118. Ce capital vaut donc actuellement 3118 francs; et en le plaçant à 6 p. %, on obtient $6 : 100 = x : 3118$, d'où $x = 187$ francs 8 centimes, valeur de la rente annuelle.

13. Soit q l'accroissement annuel : le nombre 6 sera, après chaque année, $1 + q$ de celui de l'année précédente, et après 600 ans, il deviendra $6(1+q)^{600}$. Or ce nombre égalant 600000, on a l'équation : $6(1+q)^{600} = 600000$; remplaçant $1+q$ par x, on trouve $6 \times x^{600} = 600000$; d'où $x^{600} = 100000$. Employant les logarithmes, on a logarithme $x \times 600 = \log. 100000$, ou $\log. x = \frac{5}{600} = 0{,}00833$; cherchant le nombre correspondant, on trouve $x = 1{,}019$ approximativement; de sorte que $1 + q = 1{,}019$, et $q = 0{,}019$.

14. Soit x le temps demandé. D'un côté l'augmentation étant d'un centième annuellement, au bout de x années, la population est de 2000000 $\left(\frac{101}{100}\right)^x$; de l'autre, l'augmentation étant d'un quatre-vingtième par an, au bout de x années, la population est de 1500000 $\left(\frac{81}{80}\right)^x$. Ces deux résultats devant être égaux, l'on a 2000000 $\left(\frac{101}{100}\right)^x = 1500000 \left(\frac{81}{80}\right)^x$; ou $4 \left(\frac{101}{10}\right) = 3 \left(\frac{81}{80}\right)^x$. Faisant usage des logarithmes, on a log. $4 + (\log. 101 - \log. 100)x = \log. 3 + (\log. 81 - \log. 80)x$; ce qui donne $0{,}00108x = 0{,}12494$. On en tire $x = 115 \frac{37}{54}$ ou 115 ans 8 mois $\frac{2}{6}$.

15. Soit x le temps demandé. L'augmentation annuelle d'un soixantième sur 5000000, donnera après x années 5000000 $\left(\frac{61}{60}\right)$; et la diminution annuelle d'un quatre-vingtième sur 600000, donnera après x années 6000000 $\left(\frac{79}{80}\right)^x$. Ces deux résultats étant égaux, on aura l'équation : 5000000 $\left(\frac{61}{60}\right)^x = 6000000 \left(\frac{79}{80}\right)^x$ ou $5 \left(\frac{61}{60}\right)^x = 6 \left(\frac{79}{80}\right)^x$. Appliquant les logarithmes, on obtient log. $5 + (\log. 61 - \log. 60)x = \log. 6 + (\log. 79 - \log. 80)x$; d'où l'on tire $0{,}01264x = 0{,}07918$; ce qui donne pour x, 6 ans 4 mois $\frac{19}{158}$.

16. La 64e puissance de 2 égale 2^{64}, et le logarithme de ce nombre égale $64 \times \log\ 2 = 64 \times 0{,}30103 = 19{,}26592$. Or le rang du dernier chiffre à gauche d'un nombre étant égal à 1 plus le nombre inscrit à la caractéristique de son logarithme, on aura pour le nombre de chiffres demandés, $19 + 1 = 20$ chiffres.

17. 6000 francs à 6 pour % annuellement deviennent au bout de la première année 6000 $\left(\frac{106}{100}\right)$; et en cumulant les intérêts, cette somme devient au bout de 4 ans, 6000 $\left(\frac{106}{100}\right)^4$. La même somme à $\frac{1}{2}$ pour % par mois, produit au bout d'un mois 6000 $\left(\frac{100{,}5}{100}\right)$ ou 6000 $\left(\frac{1005}{1000}\right)$, et au bout de 48 mois, elle égale 6000

$\left(\frac{1005}{1000}\right)^{48}$. La différence entre ce résultat et le précédent donnera le bénéfice illégal fait par l'usurier. Or le logarithme de

$$6000 \left(\frac{1005}{1000}\right)^{48} = \log. 6000 + 48 (\log. 1005 - \log. 1000)$$

$$= 3{,}77815 + 0{,}10416 = 3{,}88231,$$

dont le nombre correspondant est 7826,20; tandis que le logarithme de $6000 \left(\frac{106}{100}\right)^{4} = \log. 6000 + 4 (\log. 106 - \log. 100)$

$$= 3{,}77815 + 0{,}10124 = 3{,}87939,$$

dont le nombre correspondant est 7575,17. Ainsi l'usurier a trompé l'emprunteur de 7826,20 — 7575,17 = 251 fr. 3 c.

18. La progression 2 : 4 : 16 : 256..... dont chaque terme est le carré du précédent, peut être représentée par une série des puissances du nombre 2, dont les exposants sont successivement doubles des précédents, savoir $2^1 : 2^2 : 2^4 : 2^8 : 2^{16}$...... laquelle aura pour onzième terme 2^{1024}. Or le logarithme de $2^{1024} = 1024 \times \log. 2 = 1024 \times 0{,}30103 = 308{,}25472$; et comme le nombre des chiffres d'un nombre naturel surpasse d'une unité le nombre de la caractéristique de son logarithme, le onzième terme de la progression demandée aura 309 chiffres.

19. En ôtant chaque fois un litre du vase proposé, on le réduit aux $\frac{99}{100}$ de ce qu'il contenait, et successivement les quantités de vin décroissent suivant une progression dont la raison est $\frac{99}{100}$, le premier terme 100 et le dernier terme 50, ou la moitié de la quantité primitive. Faisant usage de la formule $z = aq^{n-1}$, l'on a pour z, a et q, les quantités 50, 100 et $\frac{99}{100}$, de sorte que la formule devient $50 = 100 \times \left(\frac{99}{100}\right)^{n-1}$. Faisant usage des logarithmes, on trouve $(\log. 99 - \log. 100) \times (n-1) = \log. 50 - \log. 100$; ou en changeant les signes : $\log. 100 - \log. 50 = (\log. 100 - \log. 99)(n-1)$, ce qui donne pour $n - 1 = 69 \frac{19}{436}$; or l'exposant $n - 1$ du terme z indiquant le nombre d'extractions faites, on peut en conclure qu'il faudra réitérer l'opération 69 fois pour arriver au mélange demandé.

20. Soit x le nombre d'années demandé. Le capital 50000 francs à 15 p. % pendant x années, vaut en cumulant les intérêts, $50000\left(\frac{115}{100}\right)^x$; de même le capital 60000 francs à 12 p. % pendant x années, vaut en cumulant les intérêts, $60000\left(\frac{112}{100}\right)^x$. Or l'on veut que ces deux résultats soient égaux; on a donc $50000\left(\frac{115}{100}\right)^x = 60000\left(\frac{112}{100}\right)^x$ ou $5\left(\frac{115}{100}\right)^x = 6\left(\frac{112}{100}\right)^x$. Employant les logarithmes, on trouve $\log. 5 + (\log. 115 - \log. 100)\, x = \log. 6 + (\log. 112 - \log. 100)x$, ou $0{,}01148x = 0{,}07918$: ce qui donne pour x la valeur de 6 ans 10 mois $\frac{220}{287}$.

21. Prenant la formule (A), donnée page 281, pour le calcul des annuités, on a pour l'évaluation de la somme demandée, $\frac{b(1+r)^n - b}{r(1+r)^n}$, résultat dans lequel $b = 1000$ francs, $r = 0{,}05$, $n = 15$. Substituant ces valeurs, on trouve pour $(r+1)^n$,

$$\log. \left(\frac{105}{100}\right)^{15} = 15\,(\log. 105 - \log. 100) = 0{,}31785$$

dont le nombre naturel est 2,079. Introduisant cette valeur dans le résultat, on trouve $a = \frac{1000 \times 2{,}079 - 1000}{0{,}05 \times 2{,}079} = 10379{,}99$; de sorte que la somme à placer est 10380 francs à un centime près.

22. L'intérêt à 6 pour cent annuellement équivaut à 1 ½ ou 1,5 par trimestre; de sorte que chaque trimestre une somme quelconque vaut $\frac{101{,}5}{100}$ de ce qu'elle était, ou $\frac{1015}{1000}$; une somme de 12000 francs vaudra donc au bout de quatre trimestres $12000\left(\frac{1015}{1000}\right)^4$, résultat qui s'obtient facilement par les logarithmes : $\log. 12000 + 4\,(\log. 1015 - \log. 1000) = 4{,}10506$, dont le nombre naturel correspondant est 12736. Maintenant si la somme de 12000 francs a produit au bout de l'année 12736, l'intérêt a été de 736 francs, et pour en connaître le taux, il faut faire la proportion $100 : 12000 = x : 736$; ce qui donne $x = 6 \frac{2}{15}$.

23. Cette question étant une véritable annuité, on prendra la formule (B) de la page 281, savoir : $= \frac{ar(1+r)^n}{(1+r)^n - 1}$, dans laquelle on substituera les valeurs connues, $a = 10000$, $r = 0{,}04$, $n = 20$. On cherchera d'abord la valeur de $(1 + r)^n$ par les logarithmes, ce qui donne $\log. \left(\frac{104}{100}\right)^{20} = 20 (\log. 104 - \log. 100) = 0{,}34060$, dont le nombre correspondant est 2,191. Alors $b = \frac{10000 \times 0{,}04 \times 2{,}191}{2{,}191 - 1} = 735$ francs 85 centimes.

24. Soit x l'intérêt annuel, au bout d'un an, la somme 11000 francs que l'on paie comptant vaudra $11000 \left(\frac{100 + x}{100}\right)$; et au bout de deux ans, elle vaudra $11000 \left(\frac{100 + x}{100}\right)^2$; tandis que la somme de 7200 francs payable dans un an vaudra $7200 \left(\frac{100 + x}{100}\right)$, et l'autre somme de 7200 francs payable dans deux ans n'aura produit aucun intérêt. Il faut donc que $11000 \left(\frac{100 + x}{100}\right)^2 = 7200 \left(\frac{100 + x}{100}\right) + 7200$. Résolvant cette équation du second degré, en faisant $100 + x = r$, on obtient $11r^2 - 720r = 72000$, d'où l'on tire $r - \frac{360}{11} = \frac{960}{11}$; ce qui fait $r = 120$. Ainsi $100 + x = 120$, et $x = 20$; l'intérêt était donc à 20 pour cent.

25. Comme il s'agit ici de former une annuité, on prendra la formule (B) de la page 281, pour trouver la rente demandée : $b = \frac{ar(1+r)^n}{(1+r)^n - 1}$; et faisant $a = 4000$, $r = 0{,}05$ et $n = 18$ (nombre probable de la durée de la vie d'un homme de 50 ans), on aura d'abord $\log. (1 + r)\ n = 18 (\log. 105 - \log. 100) = 0{,}38142$, dont le nombre naturel correspondant est 2,40666. Ainsi $b = \frac{4000 \times 0{,}05 \times 24{,}0666}{2{,}40666 - 1} = 342$ francs 3 centimes.

26. Soit x le nombre d'années. Le revenu étant de 3 p. %, la somme de 400000 francs vaudra après la première année $400000\left(\frac{103}{100}\right)$, et en soustrayant la dépense annuelle de 16000 fr., le reste donnera l'avoir net à l'expiration de la première année. Faisant $400000 = a$, $0{,}03 = r$ et $16000 = d$, on aura pour reste à la fin de la première année, $a(1 + r) - d$. En multipliant ce reste par $(1 + r)$ et soustrayant du produit la dépense d, on aura pour reste à la fin de la seconde année $(a(1 + r) - d)(1 + r) - d = a(1 + r)^2 - d(1 + r) - d$. A la fin de la 3e année, l'avoir net sera $a(1 + r)^3 - d(1 + r)^2 - d(1 + r) - d$; à la fin de la 4e, cet avoir sera $a(1 + r)^4 - d(1 + r)^3 - d(1 + r)^2 - d(1 + r) - d$ ou $a(1 + r)^4 - d(1 + (1 + r) + (1 + r)^2 + (1 + r)^3$; résultat dans lequel l'exposant du coefficient de a égale le nombre des années, tandis que le coefficient de d est une progression géométrique ayant pour premier terme l'unité, pour raison $(1 + r)$ et pour nombre de termes celui des années. Or on demande le nombre x d'années après lequel le capital sera absorbé, c'est-à-dire que $a(1 + r)^x - d(1 + (1 + r) + (1 + r)^2 + (1 + r)^3 \ldots\ldots + (1 + r)^{x-1} = 0$,

Faisant la somme de la progression géométrique qui sert de facteur à la quantité d, on trouve : $S = \frac{1(1+r)^x - 1}{(1+r)-1} = \frac{(1+r)^x - 1}{r}$; de sorte que l'on a pour équation finale $a(1 + r)^x = d\left(\frac{(1+r)^x - 1}{r}\right)$ laquelle devient $ar(1 + r)^x = d(1 + r)^x - d$; ou $(1 + r)^x = \frac{d}{d - ar}$. Substituant aux lettres a, d et r leurs logarithmes, on a pour valeur de x $\frac{\log. d - \log. (d - ar)}{\log. (1 + r)}$. Remplaçant les lettres par les valeurs numériques, on trouve $x = \frac{0{,}60206}{0{,}01283} = 46$; de sorte que c'est après la 46e année que le capital sera absorbé par la dépense.

27. Cette question d'annuité se résout immédiatement au moyen de la formule (A) de la page 281. Ainsi l'on a $a = \frac{b(1+r)^n - b}{r(+1r)^n}$, formule dans laquelle $b = 1000$ francs, $n = 25$ et $r = 0{,}25$. Evaluant d'abord $(1+r)^n$ ou $\left(\frac{105}{100}\right)^{25}$ par les logarithmes, on a pour résultat 3,3863. Ainsi $a = \frac{1000 \times 3,3863 - 1000}{0,05 \times 3,3863} = 14094$ francs 19 centimes.

28. Soit x la mise annuelle. Le taux de l'intérêt étant $7\frac{1}{2}$ pour cent, la mise de la première année vaudra au bout de 25 ans, $x\left(\frac{1075}{1000}\right)^{25}$; celle de la seconde année vaudra à la même époque $x\left(\frac{1075}{1000}\right)^{24}$, et ainsi successivement, de sorte que la dernière mise vaudra à l'expiration de la dernière année, $x\left(\frac{1075}{1000}\right)^{1}$. La somme de la valeur de ces mises au bout de 25 ans sera donc celle d'une progression servant de coefficient à x, et qui étant prise à rebours, a pour 1er terme $\left(\frac{1075}{1000}\right)$, pour raison $\frac{1075}{1000}$ et pour nombre de termes 25; tellement que la somme de ces coefficients $= \frac{1,075 \times 1,075^{24} - 1,075}{1,075 - 1}$. Cherchant par les logarithmes la valeur de $1,075^{25} = 6,099$, on trouve pour le coefficient, 73,08 approximativement; on a alors que $73,08x = 7307,56$, de sorte que la valeur de $x = 100$ à peu de chose près. Il faudra donc faire une mise annuelle de 100 francs.

29. Pour résoudre cette question d'annuité, il faut prendre la formule (A) de la page 281, savoir : $a = \frac{b(1+r)^n - b}{r(1+r)^n}$, dans laquelle $b = 1500$, $r = 0,075$ et n ou la durée présumée de la vie de la personne $= 12$. Substituant ces valeurs et calculant à l'aide des logarithmes $(1+r) = (1,075)^{12} = 2,3819$, on a pour valeur de a $\frac{1500 \times 2,3819 - 1500}{0,035 \times 2,3819} = 11602$ fr. 90 centimes.

30. Cette question est encore un problème d'annuité pour la solution duquel il faut employer la formule (B) de la page 281. En effet, pour rembourser 7000 francs en 10, en 15 ou en 20 ans, au moyen d'un paíement égal chaque année, il faut chercher $b = \frac{ar(r+1)^n}{(r+1)^n - 1}$. En substituant aux lettres les valeurs connues, $a = 7000$, $r = 0{,}04$ et $n = 10$ ou 15 ou 20; puis commençant par chercher à l'aide des logarithmes la valeur de $(r + 1)^n$, pour laquelle on trouve successivement dans les trois hypothèses, 1,48013, 1,80075 et 2,19080; et substituant ces valeurs dans celle de b, on trouve que l'annuité nécessaire à l'amortissement de l'emprunt est en 10 ans de 863 francs; en 15 ans, de 629 francs 61 centimes; et en 20 ans, de 515 francs 21 centimes. Joignant à ces trois résultats la dépense annuelle de 800 francs, on trouvera que ce particulier devra posséder un revenu de 1663 francs; ou de 1469 francs 61 centimes; ou de 1315 francs 21 centimes.

Exercices sur les systèmes de numération

N° 37.

1° 10010011 du système *binaire* = 147 du système décimal.
2° 10201021 du système *ternaire* = 2707 du système décimal.
3° 2030123321 du système *quaternaire* = 575225 du système décimal.
4° 54023516 du système *septenaire* = 5150870 du système décimal.
5° 60789589 du système *duodécimal* = 216914937 du système décimal
6° 68569 du système décimal = 10111001111 du système *ternaire*.
7° 828715 du système décimal = 10021036 du système *septenaire*.
8° 161051 du système décimal = 100000 du système *undécimal*.
9° 4185984 du système décimal = 149 × 540 du système *duodécimal* [1].
10° 13616 du système décimal = 111111 du système *quindécimal*.
11° 12021022 du système *ternaire* = 330002 du système *quaternaire*.
12° 3460000 du système *septenaire* = 1101011000100110101 du s. *binaire*.
13° 1230321 du système *quaternaire* = 4049 du système *duodécimal*.
14° 1111111 du système *duodécimal* = 220100211 du système *ternaire*.
15° 14641 du système *septenaire* répond à 4096 du système décimal.
16° 44521 du système *sextenaire* répond à 6241 du système décimal.
17° 12544 du système *à 8 chiffres* répond à 5476 du système décimal.
18° 96721 du système *undécimal* répond à 140625 du système décimal [2].

---

[1] × représente le nombre 10 dans ce système.
[2] *Équation* : $9x^4 + 6x^3 + 7x^2 + 2x + 1 = 140625$.

N° 38.

1. La somme de trois nombres consécutifs étant toujours multiple de 3 (pag. 294, n° 138) et le nombre demandé comprenant en outre 2 et 5 parmi ses diviseurs, ce nombre sera nécessairement un multiple de $2 \times 3 \times 5 = 30$. Maintenant, pour savoir quel multiple de 30 répond à la question proposée, il faut observer que l'on a indiqué que ce nombre n'a que 8 diviseurs. Or, comme le nombre des diviseurs égale le produit du nombre de fois plus 1 que chaque facteur premier est contenu pour le nombre proposé (n° 140), on aura $(m + 1)(n + 1)(r + 1) = 8$. Ce qui ne peut exister qu'autant que m, n et r égalent l'unité. En effet $2 \times 2 \times 2 = 8$. De sorte que les nombres 2, 3 et 5 ne sont qu'une fois facteurs dans le produit, et que le nombre cherché est 30.

2. De ce que la somme des chiffres du nombre proposé égale 18, ce nombre est multiple de 9 ou 3×3; et comme il est en outre multiple de 7 et de 11, on en connaît ainsi trois facteurs premiers dont l'un est deux fois dans le produit. En évaluant d'après ces considérations le nombre des diviseurs du produit cherché, on trouve précisément que $(2 + 1)(1 + 1)(1 + 1) = 12$; de sorte qu'il n'y a point d'autres facteurs que $3 \times 3 \times 7 \times 11$, ce qui donne pour produit 693.

3. Soit x le nombre intermédiaire, $x + 1$ sera le plus grand nombre, et $x - 1$ le plus petit; et leur produit $x^2 - 1$, étant augmenté de l'unité, sera, d'après les données de la question, égal à un nombre dont la somme des chiffres égale 9, ou, ce qui est équivalent, à un multiple de 9. On aura donc pour équation $x^2 - 1 + 1 = 9E$ (E désignant l'autre facteur du multiple de 9). On en déduit $x = 3\sqrt{E}$, résultat qui exige pour E la valeur d'un carré parfait.

Soit donc	$E =$ 1...	4...	9..	16...	25...	36
on aura	$x =$ 3...	6...	9...	12...	15...	18
puis	$x + 1 =$ 4...	7...	10...	13...	16...	19
et	$x - 1 =$ 2...	5...	8...	11...	14...	17
dont le produit	8...	35...	80...	143 ..	224...	323
augmenté de l'unité	+ 1...	1...	1...	1...	1...	1
donne pour somme	... 9	36	81	144	225	324

Ce problème est donc indéterminé, et les nombres 2 et 4, 5 et 7, 8 et 10, 11 et 13, 14 et 16, 17 et 19, etc., répondent aux conditions proposées.

4. La différence entre un nombre et sa troisième puissance $= x^3 - x$, que l'on peut décomposer en $(x^2 - 1)\,x$ ou $(x + 1)(x)(x - 1)$, ce qui forme le produit de trois nombres consécutifs. Or, dans trois nombres qui se suivent, il y a toujours un nombre pair au moins et un multiple de 3; ainsi le produit $(x + 1)(x)(x - 1)$ sera multiple de 2×3 ou 6. On dit en outre que ce produit compte 35 ou 5×7 parmi ses diviseurs : on sait donc que ledit produit est multiple de 2, 3, 5 et 7; et en ne supposant ces facteurs qu'une seule fois dans la combinaison, le nombre des diviseurs sera $(1 + 1)(1 + 1)(1 + 1)(1 + 1) = 16$: ce qui est précisément le nombre des facteurs indiqué. Il s'ensuit donc que la différence $x^3 - x = 210$; ou $(x^2 - 1)\,x = 6 \times 35 = 6\,(6 \times 6 - 1)$. Le nombre demandé est donc 6.

5. De ce que le père a neuf fois l'âge de son fils et 4 fois l'âge de sa fille, il s'ensuit que le nombre de ses années est un multiple de 9 et de 4; de plus, en indiquant que ce nombre a neuf diviseurs, on fait connaître qu'il est formé de deux facteurs premiers répétés chacun deux fois; en effet $(2 + 1)(2 + 1) = 9$. Or, les deux facteurs 4 et 9 répondant à ces conditions, on en conclut que l'âge du père est 36 ans, celui de la fille 9 ans et celui du fils 4 ans.

6 Soit x le plus grand nombre; le plus petit sera x — **8**, et le quart de l'un, multiplié par le quart de l'autre, donne $\frac{1}{16}(x - 8)x$. Or, ce produit augmenté de l'unité égale 13; ainsi $\frac{1}{16}$

$(x^2 - 8x) = 13m - 1$. On en déduit $x^2 - 8x + 16 = 16(13m)$; d'où $x - 4 = 4\sqrt{13m}$. Pour rendre $\sqrt{13m}$ commensurable, il faut faire successivement $m = 13 \ldots .\ 52 \ldots .117 \ldots 208 \ldots$ on obtient alors $x = 56 \ldots .108 \ldots .160 \ldots 212 \ldots$ et $x - 8 = 48 \ldots .100 \ldots .152 \ldots 204 \ldots$ De sorte que les deux nombres demandés peuvent être 48 et 56, ou 100 et 108, ou 152 et 160, ou 204 et 212, etc.

7. De ce que les nombres parfaits dont il est fait mention dans cette question sont divisibles, l'un par 2047 et l'autre par 31, qui sont des nombres premiers, on en conclut que ces deux nombres sont les sommes du premier facteur de la formule $(1 + 2 + 2^2 + 2^3 + 2 : + 2^{m-1} + 2^m) 2^m$ (nº 140). Otant donc l'unité de 2047 et de 31 et soustrayant successivement des deux restes, toutes les puissances du nombre 2 qui s'y trouvent, on voit que cette soustraction s'étend jusqu'à la dixième puissance de 2 pour le premier nombre, et jusqu'à la quatrième pour le second. Ainsi le nombre parfait qui est divisible par 2047 égale 2047×2^{10}, et le nombre parfait qui est divisible par 31 égale 31×2^4. On trouve pour le premier 2096128, et pour le second 496 : et le triple de ce dernier résultat égale 1488. Maintenant le problème consiste à savoir combien il faut ajouter au premier pour que la racine carrée du total égale le second; il suffira d'élever 1488 au carré, et l'excédant du résultat sur 2096128 donnera le nombre à ajouter. Ce nombre est

$$2214144 - 2096128 = 118016.$$

8. Le multiple de 2 et de 3 qui a 9 diviseurs, ne peut être que de la forme $a^2 \times b^2$, dont les exposants 2 augmentés de l'unité donnent pour produit 9, nombre égal à celui des diviseurs. Faisant donc $a = 2$ et $b = 3$, on aura $a^2b^2 = 36$. Soit maintenant x le nombre demandé, ce nombre diminué de 2 sera $x - 2$, et le produit des deux nombres sera $(x - 2)\,x$ ou $x^2 - 2x$. Or on dit qu'en ajoutant l'unité à ce résultat on obtient 36, ainsi $x^2 - 2x + 1 = 36$; d'où $x = 7$: le nombre cherché est donc 7.

9. Le plus grand nombre premier sous-multiple de l'unité jointe au produit des 42 premiers nombres multipliés entre eux est 43 (N° 141). Ainsi la somme des cinq chiffres du nombre proposé $a + b + c + d + e = 43$. Mais ce nombre étant multiple de 11, la différence entre les chiffres de rang pair et celle des chiffres de rang impair est 0, 11, 22, etc. On aura donc que $(a + c + e) = (b + d) + 0$ ou 11 ou 22. Or cette différence ne peut pas être 0 ni 22, puisque la somme est un nombre impair; essayant donc la différence 11, on trouvera que

$$a + c + e = \frac{1}{2}(43 + 11) = 27, \text{ et } b + d = \frac{1}{2}(43 - 11) = 16.$$

Reste donc à partager 27 en trois chiffres, et 16 en deux; ce qui donne nécessairement 9 pour chacun des trois chiffres a, c et e, et $8 + 8$ ou $9 + 7$ pour les deux chiffres b et d. Le nombre demandé sera donc 98989 ou 99979 ou 97999.

10. Soit x le plus grand nombre, $x - 8$ sera le plus petit, et leur produit augmenté de 16 donnera pour résultat $x^2 - 8x + 16$ ou $(x - 4)^2$. On dit que ce résultat donne un nombre divisible par le tiers de la somme des cinq premiers nombres. On aura donc $(x - 4^2) = \frac{1}{3}(1 + 2 + 3 + 4 + 5)\ E = 5E$; d'où l'on déduit $x - 4 = \sqrt{5E}$. Pour donner à x une valeur réelle et positive, il faut rendre $\sqrt{5E}$ commensurable en faisant successivement

	$E =$	5....	20....	45....	80....	125....	180...
alors	$5E =$	25....	100....	225....	400....	625....	900...
	$x - 4 =$	5....	10....	15....	20....	25....	30...
	$x =$	9....	14....	19....	24....	29....	34...
et	$x - 8 =$	1....	6....	11....	16....	21....	26...

CONFÉRENCE CENTRALE

DES INSTITUTEURS DE FRANCE

Siégeant à Paris

Paris, le 17 février 1849.

Monsieur,

J'ai l'honneur de vous adresser la copie du *rapport* qui a été lu hier à la Conférence, au sujet de votre ouvrage intitulé : **LEÇONS NORMALES D'ALGÈBRE ÉLÉMENTAIRE THÉORIQUE ET APPLIQUÉE**, et je suis heureux de vous annoncer que *les conclusions en ont été adoptées à l'unanimité.*

Le secrétaire général, archiviste,
THre MARTIN.

Messieurs,

M. D. PUILLE (*d'Amiens*) a soumis à votre examen *un ouvrage d'Algèbre* dont il est l'auteur; il a pensé que votre *approbation*, si elle lui était acquise, serait en même temps une précieuse récompense de son travail et une puissante recommandation pour son livre; et vous avez nommé une commission composée des instituteurs CHALONY, MONDOLOT et ROBINET, à l'effet de vous rendre compte de l'ouvrage et de préparer les bases de votre jugement.

Désigné comme rapporteur, je viens vous présenter le résultat des observations que nous avons faites, et des impressions que nous avons éprouvées, par une étude sérieuse et attentive.

Nous défiant de nos forces, nous n'avons accepté la tâche que vous nous avez imposée qu'en espérant que notre bon sens, mis au service de notre bonne volonté, suppléerait à notre insuffisance, si nous rencontrions des difficultés inhérentes à la science, et que nos études préalables, nos habitudes d'enseignement ne nous eussent pas préparés à surmonter de prime abord.

Vous le savez, l'*Algèbre* n'est pas encore incorporée au domaine de l'enseignement primaire : c'est pour beaucoup de personnes *une langue savante,* j'allais presque dire *cabalistique*; et cependant, *c'est la langue par excellence,* sans laquelle il n'y a rien à faire en mathématiques, dont elle est la clé.

Mais, jusqu'ici, le mot *mathématiques* est inconnu dans l'enseignement primaire, la *Géométrie* n'y paraît que par ce qu'elle a de commun avec le Dessin linéaire, et l'Arithmétique même se restreint en général au calcul plus ou moins développé.

L'*Algèbre* ressemble donc encore, pour le plus grand nombre, à ces *mystères antiques,* entourés de *dangers occultes*, que quelques adeptes sont seuls appelés à pénétrer, tant on croit cette science parsemée de difficultés décourageantes.

Nous avons donc lu la première partie du livre de M. D. PUILLE (*d'Amiens*), qui nous avait été remise, en y cherchant ses moyens d'initiation, et l'Auteur nous a fait connaître ensuite le reste de l'ouvrage : il s'adresse principalement et particulièrement aux hommes qui, ne sachant pas l'*Algèbre*, doivent l'apprendre et ne sont pas en position de se donner un professeur : les Instituteurs actuellement en exercice, pour la plupart, sont dans ce cas, et il faut que non-seulement ils y parviennent seuls, mais même *qu'ils puissent transmettre les connaissances qu'ils auront ainsi acquises.*

Pour atteindre ce double but, il fallait remplir des conditions également obligatoires :

1° *Être clair, précis, exact dans les définitions ;*

2° *Complet dans les exposés et les développements ;*

3° *Simple et correct dans le tout.*

Toutes ces qualités se rencontrent dans le travail qui nous occupe.

Nous ajouterons que M. D. PUILLE (*d'Amiens*) a trouvé d'heureuses innovations, qu'il a enrichi la science de plusieurs faits importants, de plusieurs remarques et procédés ingénieux non encore publiés dans les ouvrages sur la matière, et nous disons que celui qui est l'objet de ce rapport *doit prendre rang parmi les meilleurs livres élémentaires ;* qu'aucun de ceux qui ont été publiés précédemment ne satisfait au même degré à des vues de propagation d'une *science nécessaire*, et qui deviendra de jour en jour *plus indispensable.*

D'après cet exposé, votre commission a le plaisir de vous proposer d'exprimer *une approbation pleine et entière pour les* LEÇONS NORMALES D'ALGÈBRE *de* M. D. PUILLE (*d'Amiens*).

Le rapporteur de la Commission,
ROBINET, *chef d'Institution.*

Le président, chef d'institution et officier de l'Université,
GILLET DAMITTE.

Pour copie conforme,
Le secrétaire général archiviste,
THre MARTIN, *chef d'Institution.*

ATHÉNÉE DES ARTS

Sciences, Belles-Lettres et Industrie de Paris.

Séance du 13 août 1849

Rapport sur les LEÇONS NORMALES D'ALGÈBRE ÉLÉMENTAIRE de M. PUILLE (d'Amiens)

Messieurs,

Vous m'avez chargé d'examiner l'*ouvrage d'Algèbre élémentaire* qu'a publié notre collègue M. D. PUILLE (*d'Amiens*), et je viens vous soumettre le résultat de mon examen.

Ce n'est pas chose aussi facile qu'on le croit généralement que de faire un *bon ouvrage élémentaire,* et surtout en mathématiques. Cette faculté, plus que toute autre, exige des *conditions rigoureuses d'ordre et de netteté* en même temps que de *science.*

Assez ordinairement ce n'est pas la science qui y fait défaut; mais, à la disposition des errements, à la manière dont ils sont présentés, on trouve à désirer sous le rapport de l'ordre et de la clarté. Il y a aussi plus souvent d'autres causes : soit que, plongés dans les profondeurs de leur savoir, les Auteurs oublient qu'ils ont été à un âge où toute question, par cela même qu'elle est question, semble difficile à résoudre; soit qu'entraînés par le désir de prouver qu'ils savent, ils dédaignent de traduire le *langage technique* en *langage ordinaire* pour être sûrement compris; les uns et les autres ne se mettent point assez à la portée de ceux pour qui ils écrivent.

La *méthode* et la *clarté* sont donc, à mon sens, les *deux qualités essentielles* d'un ouvrage de *mathématiques élémentaires,* et *sous ce double point de vue, l'Algèbre de* M. D. Puille *(d'Amiens) se recommande à votre attention.*

Énoncer les principes, les appliquer, les fortifier par un grand nombre d'exercices ou de problèmes, et s'attacher partout à être *simple, précis* et *correct,* c'est, en peu de mots, la tâche que s'est prescrite notre collègue et qu'*il a remplie* en offrant aux Instituteurs primaires de tous les degrés et aux élèves qui se préparent au *baccalauréat ès-lettres* et *ès-sciences,* des leçons au moyen desquelles, *sans maître,* ils peuvent *s'initier aux principes de l'Algèbre.*

L'examen de cet ouvrage, *rédigé avec une clarté remarquable,* fait naître le désir de voir introduire l'enseignement de l'*Algèbre* dans un grand nombre d'établissements où cette science n'est pas encore admise : elle devrait être inséparable de l'Arithmétique et de la Géométrie, et l'on ne peut attribuer qu'à une omission involontaire l'absence de cette étude dans le programme de mathématiques des Ecoles normales primaires. Ceux qui ont rédigé ce programme doivent comprendre aussi bien que nous *tous les avantages qu'il y a pour le jugement,* sans parler du besoin pratique de généraliser les questions relatives aux grandeurs.

Cette lacune ne peut tarder à disparaître, et *l'ouvrage de* M. D. Puille *(d'Amiens) deviendra un puissant auxiliaire des études exigées pour les brevets de capacité.*

Je vous propose, Messieurs, de voter, conformément à ce que le règlement autorise à l'égard des membres de la Société, *le dépôt de l'ouvrage de* M. D. Puille *(d'Amiens) aux archives, et une* MENTION HONORABLE au compte-rendu des travaux de la session.

Le rapporteur,
P. H. FOURNIER.

Pour copie conforme,

Le secrétaire général,
DALMONT.

Dans cette séance, la Société a adopté *à l'unanimité* les conclusions du rapport de M. Fournier, conclusions qui équivalent à la MÉDAILLE D'OR des Auteurs couronnés, mais étrangers à la Société.

ACADÉMIE DE L'ENSEIGNEMENT

Siégeant à Paris

SECRÉTARIAT GÉNÉRAL.

Le Secrétaire général à M. D. PUILLE (*d'Amiens*), professeur de Sciences physiques et de mathématiques, à Paris.

Monsieur,

J'ai l'honneur de vous annoncer que, dans sa séance du 4 septembre 1849, l'Académie de l'Enseignement a donné son APPROBATION *pleine et entière aux* LEÇONS NORMALES D'ALGÈBRE *que vous avez soumises à son examen, d'après les conclusions du rapport qui lui a été fait par MM.* CHALAMET, DELAHAYE et PRODHOMME, *rapporteur; de plus, elle a décidé à l'unanimité, dans la même séance, qu'une* MÉDAILLE D'ARGENT *vous sera décernée dans son assemblée publique annuelle prochaine (10 octobre).*

Je m'empresse de vous transmettre les conclusions de ce rapport.

« L'OUVRAGE D'ALGÈBRE ÉLÉMENTAIRE de M. D. PUILLE *peut être* « *mis au nombre des meilleurs ouvrages qui existent en ce genre:* « il se recommande surtout par *la méthode, la clarté et la préci-* « *sion;* il est *exempt de la plupart des reproches qui sont adres-* « *sés*, pour l'ordinaire, *aux livres sur cette matière.*

« Par la méthode que l'Auteur s'est créée, par le choix des « exercices et des problèmes gradués contenus dans ce livre, les « élèves arrivent promptement, simplement et sûrement au but « qu'ils se proposent, *et sont ainsi préparés à des études plus ap-* « *profondies.* »

*Je suis heureux, Monsieur, d'être, en cette circonstance, l'organe des sentiments de l'*ACADÉMIE, *et je vous prie de vouloir bien agréer l'assurance de ma considération la plus distinguée.*

Le secrétaire général perpétuel,
membre honoraire de la Société,
B. LUNEL.

9 septembre 1849.

SOCIÉTÉ POUR L'INSTRUCTION

ÉLÉMENTAIRE

SIÉGEANT A PARIS

Rapport sur les LEÇONS NORMALES D'ALGÈBRE ÉLÉMENTAIRE de M. PUILLE (d'Amiens)

Messieurs,

M. le baron Regnaud a dit : « Il ne faudrait recourir à « l'Algèbre que dans le cas où l'Arithmétique serait reconnue « insuffisante, parce que *les trop grandes facilités que* « *présentent les solutions algébriques* privent l'esprit de « l'avantage qu'il trouverait en s'exerçant aux considéra- « tions lumineuses, aux aperçus ingénieux qu'exigent les « solutions purement arithmétiques. »

Le célèbre mathématicien, en donnant ce conseil, a eu grandement raison. Il s'adresse aux jeunes gens qui se destinent aux écoles spéciales du gouvernement, et particulièrement à ceux qui ambitionnent la faveur d'être admis à l'Ecole polytechnique.

Et, en effet, ce que l'on doit se proposer en dirigeant ces jeunes gens, ce n'est pas de les mettre en état de résoudre un problème, de trouver, par le procédé le plus simple possible, la solution d'une question : c'est d'exercer leur intelligence de manière à les rendre capables d'aborder les questions les plus difficiles, de les familiariser avec les analyses, avec les combinaisons les plus abstraites; en un mot, c'est d'en faire non pas des calculateurs, mais des mathématiciens.

Voilà le vrai sens des paroles du savant professeur, qui, lui-même, a formé tant de savants élèves.

Si, au contraire, il avait eu à former des instituteurs pour qui toutes les arduités de la science doivent être aplanies, sans aucun doute il leur eût donné un conseil tout différent; et, précisément à cause *des grandes facilités de calcul qu'offrent les solutions algébriques*, il leur eût conseillé d'étudier le plus tôt possible, et dans les ouvrages les plus élémentaires possible, les principes généraux de cette science qui les doit mettre si promptement en état de résoudre, à l'aide de cette Arithmétique générale et si simple, quelque abstraite qu'elle paraisse au premier abord, bien des problèmes que leurs connaissances limitées en Arithmétique ne leur permettraient pas d'aborder.

C'est parce que j'ai cru trouver, dans le livre de M. D. Puille (d'Amiens), un ouvrage du genre de ceux que l'on doit conseiller aux Instituteurs, que je l'ai lu avec la plus grande attention; et c'est parce que j'ai pensé qu'il pourrait être placé utilement dans les écoles normales primaires et entre les mains des élèves des écoles primaires supérieures, du degré de celles que nous avons à Paris, que je n'ai pas hésité à vous entretenir d'un *Cours d'Algèbre,* vous, Messieurs, dont la mission est de vous occuper uniquement de tout ce qui concerne l'amélioration de l'instruction primaire.

L'ouvrage que nous venons d'examiner, est divisé en deux parties : la première comprend les principes et les définitions, les signes algébriques, la valeur numérique des quantités et les exercices qui y sont relatifs, la réduction des quantités algébriques, les quatre opérations fondamentales; des exercices et des problèmes sur ces opérations, avec leurs preuves; les fractions algébriques et les exercices qui s'y rapportent; la théorie et la recherche du plus grand commun diviseur de deux quantités algébriques, et beaucoup d'exercices sur cette importante question.

Dans cette première partie, l'auteur s'adresse non-seulement à ceux qui n'ont aucune connaissance des mathématiques, mais surtout à ceux qui ne peuvent se procurer un professeur de mathématiques; aussi ses principes sont-ils exposés d'une manière si claire, si méthodique et si suffisante, qu'il nous paraît avoir atteint son but; si bien que ceux de nos Instituteurs qui voudraient aspirer à l'obtention d'un brevet du degré supérieur, après avoir étudié cette première partie, posséderaient non-seulement les principes fondamentaux et élémentaires de la langue algébrique, mais qu'ils seraient parfaitement en état de l'enseigner aux plus avancés et aux plus intelligents de leurs élèves.

La deuxième partie traite des équations en général, des définitions, des principes et de la classification des équations; de la traduction, en langage algébrique, des conditions d'un problème; de la résolution des équations du premier degré à une seule, puis à plusieurs inconnues; il va même jusqu'aux solutions indéterminées, infinies et négatives; il traite, enfin, des formules générales pour les résolutions des équations du 1er degré.

C'est dans cette partie, surtout, que l'auteur se distingue par sa *clarté* et son *esprit méthodique* : la manière dont il initie son élève à la traduction des conditions d'un problème ne laisse rien à désirer; et, bien qu'il n'y ait aucune règle générale qui enseigne à mettre un problème en équation, les indications qu'il donne à la page 71, suivies des applications qu'il en fait aux problèmes analysés aux pages 78, 79, 80, 81 et 82, sont très-certainement les moyens les plus clairs et en même temps les plus simples et les plus sûrs d'initier le disciple le plus novice dans les calculs à la recherche, si difficile quelquefois par l'arithmétique, et devenue si simple par l'algèbre, de la valeur des quantités inconnues que renferment certains problèmes.

Le recueil de problèmes que l'auteur donne ensuite comme exercices a, en outre, le double avantage de fortifier l'élève dans les applications qu'il vient de faire de tous les principes qu'il a étudiés précédemment, et de l'intéresser par la satisfaction que donne toujours à celui qui travaille la découverte de la solution d'une difficulté qui lui a été proposée.

Les quatre méthodes d'élimination, pour la résolution des équations du premier degré à plusieurs inconnues, sont présentées par l'auteur de la manière la plus claire et la plus complète possible (pages 88 et suivantes).

Exposer ces méthodes d'une manière complète n'était pas chose nouvelle, mais les présenter d'une *manière simple*; et les mettre ainsi à la portée des intelligences les plus ordinaires, c'était le but qu'il fallait se proposer, et nous pensons que l'auteur l'a parfaitement atteint. Il nous semble impossible qu'un élève-maître, qu'un élève d'une école primaire supérieure, qu'un instituteur même qui voudrait se mettre à cette étude, ne comprenne on ne peut mieux ces trois méthodes d'élimination quand il aura étudié les p. 88 et suiv., jusqu'à 98 inclusivement.

L'auteur commence par poser deux ou plusieurs équations, selon le nombre des inconnues; il conduit pas à pas son élève, jusqu'à ce qu'il ait trouvé la valeur des inconnues; c'est d'abord la recherche de deux inconnues, puis de trois qu'il lui propose; puis, après lui avoir fait faire toutes les substitutions nécessaires et lui avoir fait trouver la valeur de chaque inconnue, il conclut par le précepte, qui devient d'autant plus facile à comprendre par l'élève, que ce précepte n'est que le résumé de tout ce qu'il a fait pour arriver à trouver la valeur des inconnues.

Il suit la même marche pour chacune des trois méthodes; et pour que l'élève, non content d'avoir compris la théorie de ces méthodes, puisse encore s'exercer seul à résoudre de pareilles équations, l'auteur lui en donne une série qu'il fait suivre d'un recueil de problèmes, dont plusieurs sont expliqués et analysés d'abord, et les autres proposés seulement comme applications aux équations résolues précédemment.

Arrivé à ce point, l'élève est parfaitement en état de comprendre les solutions *indéterminées*, *infinies* et *négatives*; c'est alors que l'auteur lui explique les problèmes connus généralement sous la dénomination de *problèmes des courriers*.

L'auteur avait l'intention de joindre à ce traité une troisième partie [1] qui aurait embrassé les puissances et les racines, le calcul des radicaux et la résolution des équations du deuxième degré à une ou plusieurs inconnues, et de terminer par les permutations, les combinaisons et le binôme de Newton.

Nous pensons qu'il a bien fait de s'en tenir aux deux premières parties que nous avons essayé de faire connaître; la troisième partie aurait changé la destination de son livre; elle aurait excédé les limites d'un enseignement primaire supérieur, et nous aurions décliné la compétence de la Société élémentaire pour l'examen de cet ouvrage.

Mais, tel qu'il est, limité aux deux premières parties, nous pensons, Messieurs, que notre Société est tout à fait compétente pour l'examiner, et qu'elle peut très-bien comprendre ce livre au nombre de ceux qu'elle est appelée tous les jours à encourager.

D'après ce que nous venons de dire, nous pensons : 1° que les *Leçons normales d'Algèbre ,théorique et appliquée* de M. D. PUILLE (d'Amiens), limitées aux deux parties que nous avons examinées, mérite d'être placé très-honorablement dans votre bibliothèque; 2° qu'il peut être utilement conseillé aux Écoles normales primaires et aux Écoles primaires supérieures; 3° qu'il y a lieu de

---

[1] Cette partie, publiée dès la 2e édition, complète aujourd'hui l'ouvrage (*note de l'Éditeur*).

le renvoyer, avec recommandation, à votre comité des livres et méthodes, à l'effet de faire décerner à son Auteur les encouragements que la Société jugera convenable d'accorder à un *bon ouvrage d'une utilité incontestable.*

Les conclusions des deux comités des Méthodes et des Livres ayant été adoptées à l'unanimité, la Société, réunie en assemblée générale annuelle, présidée par M. le baron Boulay (*de la Meurthe*), a accordé une Médaille d'honneur que M. D. Puille (*d'Amiens*) a reçue publiquement dans la grande salle du Luxembourg, le 2 juin 1850.

SOCIÉTÉ POUR L'INSTRUCTION ÉLÉMENTAIRE

Siégeant à Paris

Séance publique du 5 *février* 1852, *sous la présidence de M. le baron BOULAY (de la Meurthe), Sénateur*

EXTRAIT DU RAPPORT DE M. J. FRANCOEUR

SUR LE

COURS COMPLET D'ARPENTAGE

ÉLÉMENTAIRE, THÉORIQUE ET APPLIQUÉ

De M. D. PUILLE (d'Amiens)

Messieurs,

Vous m'avez chargé d'examiner un ouvrage de M. D. Puille (d'Amiens) sur l'*Arpentage*. Je vous apporte aujourd'hui le résultat d'une *lecture attentive et consciencieuse.*

. . . .

Voici le plan de cet ouvrage *à la fois* d'enseignement *et de* pratique :

Une première partie est consacrée à la description minutieuse et à l'usage des principaux instruments : la chaine, l'équerre, le graphomètre, la boussole, la planchette et les niveaux; *le texte est accompagné de figures* intercalées, *fort bien faites*, et qui représente exactement la description que donne l'auteur.

Après avoir défini le but général de l'arpentage, l'auteur établit l'ordre des matières qu'il va traiter :

1° ARPENTAGE PROPREMENT DIT;
2° LEVÉ DES PLANS;
3° PARTAGE DES SUPERFICIES;
4° LAVIS DES PLANS;
5° BORNAGE DES TERRAINS.

Ensuite, dans un complément, il établit ces *notions si nécessaires aux Arpenteurs sur les devoirs qu'imposent les* missions d'expert et d'arbitre, sur les *partages amiables ou judiciaires*, sur la *manière de dresser un procès-verbal*; le tout accompagné d'exemples ou *formules choisis avec sagacité.*

Cette énumération suffit déjà pour donner une idée favorable du livre. L'auteur *a bien compris* les besoins des personnes auxquelles il destine son ouvrage. Les instituteurs isolés et éloignés de tout conseil *trouveront réuni tout ce qui leur est nécessaire dans l'exercice de leurs fonctions* de Maîtres ou d'Arpenteurs, *soit qu'ils enseignent, soit qu'ils opèrent sur le terrain.*

Si, maintenant, nous descendons dans les détails, *l'ordre y est aussi bien établi.*

1° ARPENTAGE. — On *arpente* d'abord les terrains horizontaux, selon que leurs contours sont rectilignes ou courbes, selon qu'ils sont pénétrables ou impénétrables à l'opérateur, comme *étang*, *forêt*, etc. On passe ensuite aux terrains inclinés à l'horizon : c'est alors que se présentent naturellement les questions de *nivellement*; des exemples et des tableaux *font bien connaître ce genre d'opération.*

2° LEVÉ DES PLANS. — On voit d'abord comment on lève un plan avec la seule *chaîne* et l'*équerre*; puis comment les autres instruments conduisent plus facilement à de meilleurs résultats. L'auteur s'arrête surtout à l'étude de la *planchette*, et il s'étend sur *toutes les manières d'opérer avec cet instrument* si simple et si ingénieux. Ce chapitre est terminé par la *confection* et le *service* des ÉCHELLES; puis, ensuite, par l'exposition des moyens de RÉDUIRE UN PLAN, et, enfin, par l'emploi de la calligraphie sur les plans, c'est-à-dire quels genres d'écriture sont mis en usage pour la désignation de chaque espèce d'objet sur le dessin qui le représente.

3° PARTAGE DES SUPERFICIES ET LEUR MESURAGE. — Un volume entier pourrait être consacré à ce sujet; l'auteur examine seulement les problèmes les plus généraux et les questions qui se présentent le plus souvent. C'est au savoir géométrique du praticien et à son habitude d'opérer qu'il doit avoir recours selon les circonstances. Deux méthodes générales sont cependant exposées : 1° Mesurer sur le terrain les lignes et dimensions convenables, calculer ensuite les aires pour en opérer la division; 2° lever le plan, diviser, sur ce plan, avec la règle et le compas, et reporter les résultats sur le terrain.

4° LAVIS DES PLANS. — Dans le lavis, LES DÉVELOPPEMENTS SONT ENCORE DONNÉS A CET ART AVEC LES SOINS LES PLUS HEUREUX; le trait, les teintes, leur composition et leur emploi, suivant les objets qu'on veut représenter, font le sujet d'autant de chapitres séparés, très-courts, mais *parfaitement remplis. Deux cartes topographiques* éclairent, pour le lecteur, le sujet et les conseils de l'auteur.

Messieurs, je crois ces détails suffisants pour *motiver l'*APPROBATION *que je sollicite de vous.* Maintenant, vous pouvez juger de *l'esprit méthodique qui a présidé à la composition de ce livre.* J'ajouterai que, malgré la multitude des détails, il n'y a point confusion : que le style est *clair et précis*, et qu'il serait heureux de voir beaucoup *d'aussi bons livres* entre les mains de cette classe si intéressante de nos Instituteurs.

Je conclus donc à ce que l'usage du COURS COMPLET D'ARPENTAGE DE M. D. PUILLE (d'Amiens) *soit recommandé principalement dans les Écoles primaires rurales*, et le présent rapport *renvoyé à la Commission des récompenses.*

J. FRANCOEUR, Professeur de mathématiques au Collége Chaptal.

Dans son assemblée générale du 4 juillet 1852, la SOCIÉTÉ ÉLÉMENTAIRE, ayant adopté les conclusions du rapport de M. J. FRANCOEUR, a décerné une *médaille d'honneur* à M. D. PUILLE (*d'Amiens*), et L'OUVRAGE A ÉTÉ APPROUVÉ.

La séance publique a eu lieu dans le grand amphithéâtre de la Sorbonne.

TABLE

DES ARTICLES CONTENUS DANS CET OUVRAGE

PREMIÈRE PARTIE

SOLUTIONS RAISONNÉES DES EXERCICES ET PROBLÈMES D'ALGÈBRE

SECONDE PARTIE

DÉVELOPPEMENTS SUR DIFFÉRENTS SUJETS D'ALGÈBRE

FIN DE LA TABLE

Paris. — Typ. Renou et Maulde, rue de Rivoli, 144.

Paris. — Typ. de Mme Ve Dondey-Dupré, rue Saint-Louis, 46.

www.ingramcontent.com/pod-product-compliance
Lightning Source LLC
LaVergne TN
LVHW012003220826
846092LV00001B/229

* 9 7 8 2 3 2 9 7 9 4 1 2 9 *